T0225195

Studien zum nachhaltigen Bauen und Wirtschaften

Reihe herausgegeben von

Thomas Glatte, Neulußheim, Deutschland

Martin Kreeb, Egenhausen, Deutschland

Unser gesellschaftliches Umfeld fordert eine immer stärkere Auseinandersetzung der Bau- und Immobilienbranche hinsichtlich der Nachhaltigkeit ihrer Wertschöpfung. Das Thema „Gebäudebezogene Kosten im Lebenszyklus" ist zudem entscheidend, um den Umgang mit wirtschaftlichen Ressourcen über den gesamten Lebenszyklus eines Gebäudes zu erkennen. Diese Schriftenreihe möchte wesentliche Erkenntnisse der angewandten Wissenschaften zu diesem komplexen Umfeld zusammenführen.

Tamino Meier · Larissa Dell ·
Thomas Glatte

Die Zukunftsfähigkeit von Büroimmobilien

Eine Analyse der Anforderungen an das Büro von morgen

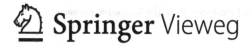

Tamino Meier
Mainz, Rheinland-Pfalz
Deutschland

Larissa Dell
Hochschule Fresenius
Heidelberg, Baden-Württemberg
Deutschland

Thomas Glatte
Wirtschaft & Medien
Hochschule Fresenius
Heidelberg, Deutschland

ISSN 2731-3123   ISSN 2731-3131 (electronic)
Studien zum nachhaltigen Bauen und Wirtschaften
ISBN 978-3-658-43295-9   ISBN 978-3-658-43296-6 (eBook)
https://doi.org/10.1007/978-3-658-43296-6

Die Deutsche Nationalbibliothek verzeichnet diese Publikation in der Deutschen Nationalbibliografie; detaillierte bibliografische Daten sind im Internet über http://dnb.d-nb.de abrufbar.

Planung/Lektorat: Karina Danulat
Springer Vieweg ist ein Imprint der eingetragenen Gesellschaft Springer Fachmedien Wiesbaden GmbH und ist ein Teil von Springer Nature.
Die Anschrift der Gesellschaft ist: Abraham-Lincoln-Str. 46, 65189 Wiesbaden, Germany

Das Papier dieses Produkts ist recyclebar.

Geleitwort

Büroimmobilien und die Anforderungen an diese erfahren durch jüngste Entwicklungen einen enormen Wandel. Insbesondere die Treiber Nachhaltigkeit und New Work sorgen für veränderte Ansprüche an eine zukunftsfähige Büroimmobilie. Es bedarf daher einer ganzheitlichen Betrachtung dieser Aspekte: Welche essenziellen Anforderungen an eine zukunftsfähige Büroimmobilie entstehen in Bezug auf die neuen Arbeitswelten – auch New Work genannt – und die Nachhaltigkeit aus der Perspektive von Nutzern, Investoren und Beratern?

Um diese Forschungsfrage zu beantworten, wurde von Tamino Meier an der Hochschule Fresenius Heidelberg eine empirische Untersuchung durchgeführt. Zur Datengenerierung wurden leitfadenbasierte Experteninterviews geführt. Der Inhalt dieser Interviews wurde qualitativ analysiert. Dadurch ließ sich der allgemeine Einfluss der Veränderungstreiber *New Work* und *Nachhaltigkeit* auf eine zukunftsfähige Büroimmobilie identifizieren. Darüber hinaus wurden einige universelle Anforderungen abgeleitet.

Als Anforderungen durch New Work konnte die *Konzeption als Ort des Zusammentreffens* und *Ort des Wohlfühlens,* eine erhöhte *Flexibilität der Flächen,* die *Berücksichtigung von Sozialflächen* und das *Büro als Instrument der Unternehmensidentität und Arbeitgeberattraktivität* identifiziert werden. Nachhaltigkeitsanforderungen bestehen in *geringen Betriebskosten,* einer *Nachhaltigkeitszertifizierung,* der generellen *Wahrnehmbarkeit der Nachhaltigkeit des Gebäudes,* einer *effizienten Flächennutzung* und der *Berücksichtigung des Gesamtlebenszyklus.*

Die vorliegende Arbeit leistet einen interessanten Beitrag zu dem aktuell in der Fachwelt stark diskutierten Thema der neuen Arbeitswelten und deren Auswirkung auf die Assetklasse der Büroimmobilien. Natürlich kann eine solche Arbeit nur einen Teilaspekt beleuchten. In einer weitergehenden Forschung könnten insbesondere unternehmensspezifischer Anforderungen bearbeitet werden.

Heidelberg   Prof. Dr. Thomas Glatte
August 2023   Prof. Dr. Larissa Dell

Vorwort

Die Transformation der Anforderungen an Büroimmobilien erfährt durch jüngste Entwicklungen eine weitere Beschleunigung. Die Treiber der Nachhaltigkeit und New Work spielen dabei eine maßgebliche Rolle in der Definition grundlegender Standards zukunftsfähiger Büroimmobilien. Primäres Ziel dieser Arbeit war es daher, die essenziellen Anforderungen an eine zukunftsfähige Büroimmobilie, in Bezug auf New Work und Nachhaltigkeit aus Expertensicht von Nutzern, Investoren und Beratern, ganzheitlich zu betrachten.

Die erste Recherche hat sehr schnell gezeigt, dass es zu diesem Thema noch keine zahlreichen Forschungen gibt. Um die fehlende Literatur zu kompensieren, führte ich Experteninterviews durch. Diese empirische Analyse hat von Februar 2022 bis Juli 2022 im Rahmen meiner Bachelorthesis meines Studiums der Immobilienwirtschaft in Heidelberg stattgefunden. Die Ergebnisse dieser Arbeit sollen den Einfluss der Veränderungstreiber New Work und Nachhaltigkeit auf eine zukunftsfähige Büroimmobilie identifizieren und die universellen Anforderungen bestimmen.

Herr Prof. Dr.-Ing. Thomas Glatte hat mich während meiner Zeit als Student begleitet und in vielfältiger Weise gefördert. Somit verfügte ich über eine gute Grundlage für die Analyse im entsprechenden Forschungsgebiet. Ich danke ihm für die konstruktiven Diskussionen und Anregungen.

Für die Unterstützung während des gesamten Fertigstellungsprozesses dieser Arbeit danke ich ganz herzlich Frau Prof. Dr. Larissa Dell und Herr Prof. Dr.-Ing. Thomas Glatte. Es ist mir wichtig auch allen Mitwirkenden, die zu dieser

Forschung beigetragen haben, ein herzliches Dankeschön auszusprechen. Besonders danken möchte ich meiner Familie für den liebevollen Rückhalt und die uneingeschränkte Unterstützung.

Heidelberg   Tamino Meier
August 2023

Abstract

Requirements on offices are subject to an enormous change due to recent developments. Especially the drivers of sustainability and new work are changing the demands on offices, that are viable for future. It is necessary to take a holistic view on these aspects: What essential requirements arise for a future-oriented office from new work and sustainability, as identified by experts of users', investors' and consultants' point of view?

To answer this research question, empirical research was conducted. For data generation, seven semi-structured interviews were conducted, the content of which was analysed in a qualitative summarising content analysis. From the answers of the experts, the general influence of new work and sustainability on offices could be identified and universal requirements could be determined.

As requirements of new work, the *comprehension of offices as a place of encounter* and *a place of well-being,* an increased *flexibility of the office area,* the *attention to social areas* and the *office as an instrument of corporate identity and employer attractiveness* could be identified. Sustainability requirements consist of *low operating costs, sustainability certification,* the general *perceptibility of sustainability of the building, efficient usage of space* and *consideration of life cycle.* Further research can lie particularly in company-specific requirements.

Inhaltsverzeichnis

Abbildungsverzeichnis

Einleitung

1

„Die Diskussion über die Zukunft des Büromarktes war und ist [...] stark geprägt von der wachsenden Bedeutung von Homeoffice bzw. mobiler Arbeit und neuen Bürokonzepten sowie der Flexibilisierung des Arbeitsalltags, wobei die Spannbreite der diskutierten Auswirkungen von einem Abgesang des Büros bis hin zu einer perspektivisch höheren Nachfrage reichen."[1]

Gemäß *Pfnür et al.* befindet sich die Gesamtheit der Immobilienwirtschaft durch einen gravierenden gesamtgesellschaftlichen und wirtschaftlichen Wandel in einer enorm herausfordernden Situation.[2] Eine Wirtschaft, die in Gänze betrachtet für ein Fünftel der Gesamtwertschöpfung Deutschlands verantwortlich ist.[3] Inmitten dieser Herausforderungen steht die Assetklasse der Büroimmobilien als zweitgrößter Immobilienmarkt Deutschlands.[4] Die „Büroarbeit prägt seit Jahrzehnten die deutsche Wirtschaft"[5] – mit steigender Tendenz.[6] Zudem nimmt das Büro eine wichtige Rolle im Hinblick auf die Arbeitsleistung, das Wohlbefinden und die Motivation der Arbeitnehmer und damit auch auf die Leistung eines Gesamtunternehmens ein.[7] Es stellt sich somit auch gesamtwirtschaftlich eine hohe Relevanz dar.

---

[1] Feld et al. [2021], S. 88.

[2] Vgl. Pfnür et al. [2022], S. 1.

[3] Vgl.Voigtländer et al. [2013], S. 14.

[4] Voigtländer [2010], S. 20.

[5] Eisfeld et al. [2022], S. 8.

[6] Vgl. ebd.

[7] Vgl. Jurecic et al. [2018], S. 33.

© Der/die Autor(en), exklusiv lizenziert an Springer Fachmedien Wiesbaden GmbH, ein Teil von Springer Nature 2024
T. Meier et al., *Die Zukunftsfähigkeit von Büroimmobilien*, Studien zum nachhaltigen Bauen und Wirtschaften,
https://doi.org/10.1007/978-3-658-43296-6_1

Gleichzeitig verzeichnet der Büromarkt jedoch eine steigende Leerstands-
quote.[8] Denn gemäß *Feld et al.* sind es zum großen Teil moderne Büroflächen,
die nachgefragt werden.[9] Auch Berichte der führenden Makler- und Beraterhäuser
stimmen damit überein.[10] Die einschlägige Literatur ist sich dabei weitestgehend
darüber einig, dass die Aspekte der Nachhaltigkeit und New Work entscheidende
Veränderungstreiber der Zukunftsfähigkeit von Büroimmobilien sind.[11] Es wird
eine gemeinsame Betrachtung der beiden Themenkomplexe gefordert, welche
bislang jedoch größtenteils ausblieb.[12] Hinzu kommt, dass sich der Immobilienmarkt durch eine geringe Angebotselastizität als träge darstellt – zukünftige
Anforderungen bedürfen demnach einer frühzeitigen Untersuchung.[13] Insbesondere im Hinblick darauf, dass Unsicherheiten aufgrund jüngster Entwicklungen
eine ständige Beobachtung fordern.[14] Es bildet sich ein relevanter Bedarf an einer
Forschung, die aufgrund der Komplexität des Gutes eine Beleuchtung aus unterschiedlichen Perspektiven fordert.[15] Dieses Buch beschäftigt sich infolgedessen
mit der Frage:

> Welche essentiellen Anforderungen an eine zukunftsfähige Büroimmobilie entste-
> hen in Bezug auf New Work und Nachhaltigkeit aus der Expertensicht von Nutzern,
> Investoren und Beratern?

Das Forschungsziel ist demnach, den allgemeinen Einfluss der Veränderungstreiber New Work und Nachhaltigkeit auf eine zukunftsfähige Büroimmobilie
zu identifizieren und universelle Anforderungen zu bestimmen. Um dieses Forschungsziel zu erreichen, wird eine empirische Forschung durchgeführt, bei der
sowohl die Nutzer-, als auch Investoren- und Maklerperspektive repräsentiert
wird. Hierzu werden leitfadenbasierte Experteninterviews zur Datengenerierung
durchgeführt, deren Inhalt anschließend qualitativ zusammenfassend analysiert
wird, um Einflüsse und Anforderungen zu bestimmen.

---

[8] Vgl. Feld et al. [2022], S. 91.

[9] Vgl. Feld et al. [2022], S. 88.

[10] Vgl. Kiese/Allroggen [2022], S. 3; vgl. Linsin et al. [2022], S. 2; vgl. Kortmann et al.
[2022], S. 5.

[11] Vgl. Feld et al. [2022], S. 84; vgl. Pfnür et al. [2022], S. 3; vgl. Wintermann [2020], o. S.;
vgl. Acar et al. [2020], S. 22.

[12] Vgl. Acar et al. [2020], S. 22.

[13] Vgl. Rottke [2017a], S. 46.

[14] Vgl. Feld et al. [2022], S. 84.

[15] Rottke [2017a], S. 63.

Eine solche Forschung bedarf einer intensiven theoretischen Vorbereitung. Aus diesem Grund findet zunächst in *Kapitel zwei* eine erste theoretische Einordnung, sowie quantitative und strukturelle Darlegungen zur Büroimmobilie statt. Es folgt in *Kapitel drei* eine intensive Auseinandersetzung mit den Veränderungstrends New Work und Nachhaltigkeit, bei denen aktuelle Entwicklungen aufgezeigt und auf die Büroimmobilie übertragen werden. Auch die aktuelle Marktsituation als Indikator eines Veränderungsprozesses erfährt hier Berücksichtigung. *Kapitel vier* widmet sich anschließend einer ausführlichen Beschreibung des methodischen Vorgehens der hiesigen Forschung. Deren Ergebnisse werden darauffolgend in *Kapitel fünf* präsentiert und anschließend in *Kapitel sechs* diskutiert. Letztendlich wird die Forschung dann in einem Fazit in *Kapitel sieben* resümiert.

Zukunftsfähigkeit einer Büroimmobilie 2

Der dieser Forschung zugrunde liegende Gegenstand bedarf zunächst einer näheren Betrachtung und Erklärung. Hierzu finden im Folgenden grundsätzliche Begriffsdefinitionen und Einordnungen, sowie quantitative und strukturelle Darlegungen zum behandelten Thema statt. Im Hinblick auf den Titel dieses Buches sollte jedoch zunächst näher beleuchtet werden, was grundsätzlich unter der Zukunftsfähigkeit einer Immobilie verstanden werden kann.

Während der Terminus der Zukunftsfähigkeit in der einschlägigen Literatur und in Fachzeitschriften oft verwendet wird, bewahrt er sich aufgrund fehlender genereller Definition eine geringe Greifbarkeit.[1] Es lohnt sich daher, den Begriff in seine Bestandteile aufzuteilen. Im Allgemeinen kann unter *Zukunft* die „Zeit, die noch bevorsteht [...] und das in ihr zu Erwartende" verstanden werden.[2] Demnach handelt es sich grundsätzlich um einen undefinierten Zeithorizont, der sowohl kurzfristige als auch langfristige Betrachtungen umfasst. Entsprechend entscheiden sowohl kurzfristige Trends als auch Tiefenströmungen wie Megatrends darüber, ob eine Immobilie die Fähigkeit besitzt, der Zukunft gerecht zu werden. Hierbei ist zu beachten, dass Büroimmobilien im Gegensatz zu anderen Wirtschaftsgütern eine vergleichsweise lange Nutzungsdauer von mehreren Jahrzehnten aufweisen.[3] Um jedoch ein tieferes Verständnis für Veränderungstrends

---

[1] Vgl. Ditfurth/Linzmaier [2022], S. 66; vgl. Wagner/Pfnür [2022], S. 89; vgl. Baumgart [2017], S. 468.

[2] Duden [2022], o. S.

[3] Vgl. Kurzrock [2017], S. 426.

und daraus resultierenden Anforderungen erlangen zu können, bedarf es zunächst
einer allgemeinen Beleuchtung des Terminus *Büro*.

2.1   Begriffliche Definition einer Bürofläche

Gemäß *Gans* besteht per se keine allgemeingültige Definition der Bürofläche.[4] Dennoch lässt sich diese als einen Ort beschreiben, der „als zentrales
Merkmal […] die Möglichkeit zur Durchführung von typischen Schreibtischtätigkeiten"[5] besitzt. Im Kontrast dazu identifiziert *Lackes* Kommunikationsprozesse
als Hauptbestandteil der Büroarbeit.[6] Bereits hier wird deutlich, dass Unterschiede im Verständnis des Büros und dessen Hauptverwendungszweck bestehen.
Dies könnte auch darauf zurückzuführen sein, dass bereits in vergangener Zeit,
so *Schmiede et al.*, die Büroarbeit einen strukturellen Wandel durchlebte.[7] Hierbei lässt sich jedoch anmerken, dass die Definition von *Gans* grundsätzlich
nicht ausschließt, dass rein kommunikative Prozesse in einer als Büro betitelten Fläche stattfinden. Vielmehr ist ausschlaggebend, dass die Möglichkeit
besteht, auf diesen Flächen Schreibtischtätigkeiten nachgehen zu können.[8] Die
Gesellschaft für Immobilienwirtschaftliche Forschung erweitert die Definition um
die Komponente, dass die entsprechenden Flächen auf dem Büroflächenmarkt
angeboten werden können: „Es muss sich […] um eine abgeschlossene Einheit
handeln."[9] Zudem werden gemäß ihrer Definition auch zugehörige Nebenflächen
unter dem Begriff subsumiert.[10] Wie sich diese Flächen jedoch im immobilienwirtschaftlichen Sinne weiter einordnen lassen, soll im folgenden Kapitel geklärt
werden.

---

[4] Vgl. Gans [2017], S. 131.

[5] Gans [2017], S. 131.

[6] Vgl. Lackes [2022], o. S.

[7] Vgl. Schmiede et al. [2005], S. 19.

[8] Vgl. Gans [2017], S. 131.

[9] Gesellschaft für Immobilienwirtschaftliche Forschung e. V. [2017], o. S.

[10] Vgl. Gesellschaft für Immobilienwirtschaftliche Forschung e. V. [2017], o. S.

2.2   Immobilienwirtschaftliche Einordnung von Büroimmobilien

In der Immobilienwirtschaft erfolgt grundsätzlich eine Segmentierung der Märkte.[11] Teilmärkte lassen sich hierbei hinsichtlich ihrer räumlichen Lage oder nach der Nutzung des Gebäudes bzw. Grundstücks einteilen.[12] Innerhalb des sachlichen Teilmarkts lässt sich die Assetklasse Büro den bebauten Grundstücken und nach Nutzungsart schließlich den Wirtschaftsimmobilien zuordnen.[13] Büroimmobilien stellen dabei eine der relevantesten Assetklassen auf dem Investmentmarkt dar.[14] "Der Büroimmobilienmarkt ist nach dem Wohnimmobilienmarkt der zweitgrößte Immobilienmarkt in Deutschland."[15] Die Assetklasse Büro überschritt dabei sogar viele Jahre in Folge die Transaktionsvolumina aller anderen Assetklassen.[16] Dies zeigt sich auch in den hohen Werten, die in Büroimmobilien gebunden sind: Bereits vor mehr als 10 Jahren bezifferten *Voigtländer et al.* den Gesamtwert aller Büroimmobilien in Deutschland auf über 500 Mrd. EUR.[17] Zur Verdeutlichung der Relevanz der in diesem Buch behandelten Veränderungstrends sollte die betroffene Assetklasse der Büroimmobilien jedoch auch in quantitativer Hinsicht beleuchtet werden.

2.3   Büroflächenbestand Deutschlands

Trotz der hohen immobilienwirtschaftlichen Relevanz der Assetklasse Büro ergeben sich bei der Bestimmung des Flächenbestands einige Widrigkeiten. Amtliche Vollerhebungen zu Gesamtbeständen und deren Merkmalen bleiben – anders als im Wohnungsbau – gänzlich aus.[18] Vorhandene Datenquellen, beispielsweise von Beraterhäusern, sind stark regional begrenzt und weisen aufgrund grober methodischer Unterschiede nur eine geringe Vergleichbarkeit auf.[19] Unter anderem hängt dies mit dem bereits beleuchteten Fehlen einer allgemeingültigen Definition der

---

[11] Vgl. Brauer [2019], S. 11; vgl. Rottke [2017b], S. 142.

[12] Vgl. Brauer [2019], S. 11.

[13] Vgl. Zentraler Immobilienausschuss e. V. [2016], S. 21.

[14] Vgl. Bierhalter/Madaus [2022], o.S.

[15] Voigtländer [2010], S. 20.

[16] Vgl. Bierhalter/Madaus [2022], o.S.

[17] Vgl. Voigtländer et al. [2013], S. 32.

[18] Vgl. Gans [2017], S. 118.

[19] Vgl. Busch/Spars [2009], S. 332; vgl. Gans [2017], S. 130.

Bürofläche zusammen.[20] Um dennoch eine Aussage zum Flächenbestand tätigen zu können, erfolgen in der Literatur unterschiedlichste Herangehensweisen und umfangreiche Arbeiten eigens zu diesem Zwecke. *Stottrop* und *Flüshöh* erarbeiteten so beispielsweise vier unterschiedliche Verfahren zur Flächenbestimmung, die theoretisch zu einem gleichen Ergebnis kommen sollen.[21] Praktisch hingegen zeigen sich kaum vergleichbare Werte. Dies sei auf den Umstand zurückzuführen, dass unterschiedliche Zielstellungen bei den Erhebungen, die als Basis der einzelnen Verfahren fungieren, herrschen.[22] Eine konkrete Aussage zum Büroflächenbestand des Bundesgebiets lässt sich daher nur näherungsweise – unter Einbezug von Schätzwerten – bestimmen. Eine gebräuchliche Methode errechnet den Gesamtbestand mithilfe der Bürobeschäftigenzahlen und eines Pauschalwerts der Bürofläche pro Arbeitnehmer.[23] Präziser ermittelte *Gans* 2017 die Bürofläche pro Beschäftigten in bereits untersuchten Regionen und rechnete diese mithilfe der vorliegenden Daten auf einen Gesamtbestand hoch.[24] Hiernach liegt dieser bei ungefähr 311 Mio. Quadratmetern (gemäß Richtlinie zur Berechnung der Mietfläche für gewerblichen Raum).[25] Andere Analyseunternehmen, wie *bulwiengesa* oder die *Deutsche Gesellschaft für Immobilienfonds,* gehen zum Teil von einem bis zu 15 % höheren Bestand aus.[26] Berücksichtigt man nun die erhobene Neubauflächenproduktion des Gutachtens des *Zentralen Immobilienausschusses e. V.* und kumuliert diese bis zum jetzigen Zeitpunkt, ergibt sich – ungeachtet der Abgänge – ein zusätzlicher Bestand von mehr als elf Millionen Quadratmetern.[27] Neben dieser quantitativen Betrachtung des Bestands lohnt sich – vor allen Dingen im Hinblick auf die Zukunftsfähigkeit – auch ein Blick auf die Struktur des Bestands.

---

[20] Vgl. Gans [2017], S. 130.

[21] Vgl. Stottrop/Flüshöh [2007], 96 f.

[22] Vgl. Stottrop/Flüshöh [2007], 188 f.

[23] Vgl. Busch/Spars [2009], S. 332.

[24] Vgl. Gans [2017], S. 131.

[25] Vgl. Gans [2017], S. 133.

[26] Vgl. Schlomann et al. [2015], S. 205; vgl. Voigtländer [2010], S. 21; vgl. Gans [2017], S. 134.

[27] Vgl. Feld et al. [2021], S. 89; vgl. Feld et al. [2020], S. 85; vgl. Feld et al. [2019], S. 121; vgl. Feld et al. [2018], S. 116.

2.4   Struktur des Büroimmobilienbestands

Trotz der hohen Relevanz der Assetklasse Büro unterscheiden sich die beiden Assetklassen Wohnen und Büro – wie bereits erwähnt – in der Erhebung von Daten des Bestands.[28] Dies wird erneut und insbesondere bei der Auswertung detaillierterer und qualitativer Daten zur Struktur des Büroimmobilienbestands deutlich – Erhebungen sind rar. Analysen zum Gebäudealter sind oftmals veraltet[29] und liegen nur regional begrenzt und zudem auf Schätzungen beruhend vor.[30] Dennoch können Flächenspezifikationen wie Größe und Alter ausschlaggebend für deren Zukunftsfähigkeit sein. Aus diesem Grund soll hier in Kürze auf wichtige Erkenntnisse einschlägiger Schätzungen eingegangen werden.

Das *Bundesministerium für Verkehr, Bau und Stadtplanung* geht bei einer 2013 erschienenen Studie davon aus, dass 55 % der Bürogebäude vor 1976 erbaut wurden, acht Prozent von 1977 bis 1983 und 15 % in der darauffolgenden Dekade.[31] Die restlichen 22 % entstanden danach.[32] Dies entspricht zum heutigen Stand einem durchschnittlichen Gebäudealter von mindestens etwa 37 Jahren. Dieser Wert sollte im Kontext der Gesamtnutzungsdauer betrachtet werden. Gemäß *Kurzrock* liegt die Nutzungsdauer von Büroimmobilien zwischen 20 und 50 Jahren.[33] Der Median der Restnutzungsdauer wäre damit bereits überschritten. Vor allen Dingen, da die technische Nutzungsdauer gemäß *Berneburg* lediglich bei 20–25 Jahren liegt.[34] Doch auch andere Errechnungen zeigen ähnliche Alterswerte. Innerhalb des Schätzmodells von *Henger et al.* zeigt sich ein Großteil der Flächen mit einem Baujahr vor 1978.[35] Nur 34 % der Flächen entstammen neueren Baujahres.[36] Durchaus sind hier jedoch regionale Unterschiede zu beobachten.[37]

---

[28] Vgl. Voigtländer [2010], S. 20.

[29] Vgl. Voigtländer [2010], S. 22.

[30] Vgl. Gans [2017], S. 134.

[31] Vgl. Bundesministerium für Verkehr, Bau und Stadtplanung [2013], S. 54.

[32] Vgl. ebd.

[33] Vgl. Kurzrock [2017], S. 426.

[34] Vgl. Berneburg [2022], S. 324.

[35] Vgl. Henger et al. [2017], S. 15.

[36] Vgl. ebd.

[37] Vgl. ebd.

Zudem lässt sich anhand amtlicher statistischer Erhebungen erkennen, dass die Neubautätigkeit nach der Jahrtausendwende einen starken Rückgang zu verzeichnen hat.[38]

Seit 2005 pendeln sich die Werte auf einem mehr oder minder gleichbleibendem Niveau ein.[39] Andere Erhebungen zeigen jedoch einen konstanten Anstieg der Fertigstellungen.[40] Zurückführen lässt sich dies jedoch auf eine regionale Begrenzung nichtamtlicher Statistiken.

Während hiermit die Grundsätzlichkeit der Büroimmobilie beleuchtet wurde, folgt im Kap. 3 eine Betrachtung der Veränderungstreiber.

---

[38] Vgl. Statistisches Bundesamt [2022], o. S.

[39] Vgl. Statistisches Bundesamt [2022], o. S.

[40] Vgl. Feld et al. [2022], S. 89; vgl. Kiese/Allroggen [2022], S. 3; Kortmann et al. [2022], S. 2.

Treiber der Veränderung 3

Unsere Umwelt unterliegt einem fortwährenden Wandel. Sowohl kurzfristige als auch langfristige Prozesse führen dazu, dass sich die Art, wie wir arbeiten, leben oder kommunizieren verändert. Um Implikationen spezifischer Anforderungen an Büroimmobilien aufstellen zu können, bedarf es zunächst einer intensiven Auseinandersetzung mit Veränderungstrends. In diesem Kapitel werden sie vorgestellt und aufgezeigt, inwiefern sie unser Leben oder unser Arbeiten bereits verändern. Hierbei konzentriert sich die Analyse auf die Themenkomplexe der New Work und Nachhaltigkeit. Diese Spezialisierung wird vorgenommen, da gemäß einschlägiger Literatur diese beiden Veränderungstreiber den größten Einfluss auf die Büroimmobilie besitzen.[1] Hierbei wird auch auf Veränderungen durch jüngste Ereignisse eingegangen. Letztlich folgt eine Beleuchtung der aktuellen Marktsituation, welche ein aussagekräftiges Indiz für bereits präsente und bevorstehende Veränderungen darstellen kann.

Stets zu beachten ist jedoch, dass Büroarbeit „eine hohe Bandbreite unterschiedlicher Formen und Ausprägungen sowohl in Abhängigkeit der Organisation, ihrer Kultur, Struktur und Branche als auch bei den unterschiedlichen Tätigkeiten und Funktionen innerhalb der einzelnen Organisation"[2] aufweist. Anforderungen sind demnach stets unternehmens- und abteilungsspezifisch. Eine Beleuchtung der allgemein entscheidenden Veränderungstrends und resultierenden essenziellen Anforderungen ist dennoch darstellbar und soll im Folgenden stattfinden.

---

[1] Vgl. Wintermann [2020], o. S.; vgl. Acar et al. [2020], S. 22; vgl. Pfnür et al. [2022], S. 3.

[2] Bauer et al. [2010], S. 18.

3.1   New Work

Der Begriff *New Work* findet in Fachmedien häufige Verwendung und steht
dabei stellvertretend für vielerlei Veränderungsprozesse der Arbeitswelt.[3] Gemäß
Hofmann et al. dreht sich der Begriff dabei insbesondere um Aspekte und Auswirkungen der digitalen Transformation.[4] Auch *Hackl et al.* identifizieren in ihrem
Werk unter anderem die Digitalisierung als entscheidenden Teil des Wandels.[5]

Grundsätzlich handelt es sich um eine Transformation der Art und Weise, wie
wir arbeiten.[6] Da jedoch keine offizielle Definition des Begriffs besteht, wird in
dieser Publikation versucht, die relevantesten Aspekte des Veränderungstreibers
zu identifizieren.[7] Eine Definition soll entsprechend durch die Beleuchtung der
einzelnen Facetten stattfinden. Übereinstimmende Aspekte der Literatur lassen
sich dabei als die digitale Transformation, die Globalisierung, den demographi-
schen Wandel und einen Wandel der Werte identifizieren.[8] Diese Aspekte des
Veränderungstreibers sind dabei schon seit einigen Jahren existent, reichen jedoch
in ihrer Wirkungsweise noch weit in Zukunft.[9] Sie sollen im Folgenden näher
beleuchtet werden.

3.1.1   Digitale Transformation

Digitale Technologien halten mehr und mehr Einzug in unseren Alltag. Während
vor etwas mehr als 30 Jahren die erste E-Mail in Deutschland empfangen wurde,
sind digitale Prozesse aus dem heutigen Arbeitsalltag nicht mehr wegzudenken.[10]
In einer Studie im Auftrag der *Telekom AG* haben 2020 bereits 51 % der Unternehmen die Digitalisierung in ihre Unternehmensstrategie aufgenommen.[11] Die
digitale Transformation stellt ein Themenfeld dar, welches durchaus omnipräsent
im privaten als auch wirtschaftlichen Leben von Menschen eine entscheidende

---

[3] Vgl. Jobst-Jürgens [2020], S. 1.

[4] Vgl. Hofmann et al. [2019], S. 4.

[5] Vgl. Hackl et al. [2017], S. 17.

[6] Vgl. Jobst-Jürgens [2020], S. 1.

[7] Vgl. Hackl et al. [2017], S. 1.

[8] Vgl. Jobst-Jürgens [2020], S. 9; vgl. Hackl et al. [2017], S. 12; vgl. Urbach/Ahlemann
[2018], S. 85; vgl. Hofmann et al. [2019], S. 4; vgl. Walter et al. [2013], S. 9.

[9] Vgl. Jobst-Jürgens [2020], S. 2.

[10] Vgl. Landgraf [2014], o. S.

[11] Vgl. Techconsult GmbH [2020], S. 2.

Rolle spielt.[12] Für Unternehmen hält diese ein enormes Potential und vielerlei Vorteile bereit.[13]

Der Terminus der Digitalisierung im engeren Sinne beschreibt dabei den Umwandlungsprozess von Informationen eines realen Objekts in ein digital lesbares Format.[14] Aber auch Prozesse, denen kein analoges Ausgangsprodukt vorangestellt ist, werden mitunter unter dem Begriff subsumiert.[15] Demnach werden auch alle Veränderungsprozesse beschrieben, welche durch den Einsatz digitaler Technologien ausgelöst werden.[16]

Die digitale Transformation hingegen versteht sich als vielfach tiefgreifenderer Prozess der gesamtgesellschaftlichen und wirtschaftlichen Veränderung durch Informationstechnologie.[17] Diese Veränderung breitet sich dabei mit zunehmender Tiefe immer weiter aus.[18] In diesem Kontext schreiben *Böltling et al.* der digitalen Transformation zudem zu, dass sie bestehende Strukturen teils zerstört und ersetzt.[19] Sie führt dadurch zu einer grundlegenden Änderung der Art und Weise, wie Unternehmen arbeiten und stellt damit einen entscheidenden Veränderungstreiber dar. Doch wie äußern sich diese Prozesse in Unternehmen?

Bis 2025 sollen laut Weltwirtschaftsforum 85 Mio. Arbeitsplätze durch die Digitalisierung wegfallen.[20] Gleichzeitig sollen jedoch auch bis zu 97 Mio. neue Arbeitsplätze entstehen.[21] Die Digitalisierung verändert demnach die Struktur der Beschäftigungen und kann damit einen direkten Einfluss auf jeweilige Unternehmen haben. Hierbei sind es vor allen Dingen repetitive Tätigkeiten, die automatisiert werden können.[22] Von höherer Relevanz stellen sich somit Tätigkeiten dar, die der Innovation und Kreativität bedürfen. Die Aufgabe der Bürofläche ist es hierbei, derartige Prozesse zu fördern und eine entsprechende Umgebung zu erzeugen.[23]

---

[12] Vgl. Jobst-Jürgens [2020], S. 11.

[13] Vgl. OECD [2021], S. 17.

[14] Vgl. Reinhardt [2020], S. 14.

[15] Vgl. Lexa [2021], S. 6.

[16] Vgl. Böltling et al. [2016], S. 11.

[17] Vgl. Lexa [2021], S. 11.

[18] Vgl. Bonfig/Stadlbauer [2019], S. 405.

[19] Vgl. Böltling et al. [2016], S. 27.

[20] Vgl. World Economic Forum [2020], S. 5.

[21] Vgl. ebd.

[22] Vgl. Schaible et al. [2017], S. 6.

[23] Vgl. Urbach/Ahlemann [2018], S. 85.

Allgemein lässt sich jedoch anmerken, dass gemäß der *Organisation für wirtschaftliche Zusammenarbeit und Entwicklung (OECD)* insbesondere kleine und mittelständische Unternehmen die digitale Transformation nur verzögert umsetzen und Potentiale kaum ausschöpfen.[24] Dabei beginnt Digitalisierung in Unternehmen meist bei der Vereinfachung durch eine Automatisierung von Prozessen, wodurch Kostenvorteile erzielt werden können.[25] Entscheidend kann aber auch zunächst eine umfassende Ausstattung der Mitarbeiter/-innen mit entsprechenden Endgeräten und einem Zugang zum Internet sein.[26] Ebenso führt die Nutzung von cloudbasierten Systemen dazu, dass Kosten durch Verbundeffekte gesenkt werden können.[27] Technologien reichen dabei bis hin zu hochkomplexen Verfahren wie der Künstlichen Intelligenz oder der Robotik.[28] Innerhalb einer Studie von *Schlick und König* konnte erkannt werden, dass diese komplexen Systeme ein hohes Interesse wecken, jedoch noch kaum umgesetzt werden.[29] Es lässt sich schlussfolgern, dass derartige Projekte früher oder später umgesetzt werden. Die Immobilie muss dabei alle nötigen Voraussetzungen erfüllen, um eine Durchführung nicht zu behindern. Hier ist allen voran eine moderne technische Infrastruktur mit einem hohen Verkabelungsstandard und schnellem Breitbandanschluss zu nennen.[30] Immerhin mehr als 30 % der Befragten gaben in der Studie von *Leyh et al.* an, dass die fehlende Infrastruktur Grund für Digitalisierungsschwierigkeiten sei.[31]

Gemäß *Hanschke* bedarf es eigens einer Kultur und spezifischen Fähigkeiten, um die Digitalisierung im Unternehmen vorantreiben zu können.[32] Insbesondere die Förderung der Innovationsfähigkeit von Mitarbeiter/-innen und die Erhöhung des Kundennutzens stehen hier im Vordergrund.[33] Dennoch sind auch Wirtschaftlichkeit und Effizienz zu beachten.[34] Allessamt Anforderungen, denen auch die Bürofläche gerecht werden muss.

---

[24] Vgl. OECD [2021], S. 17.

[25] Vgl. Weissmann/Wegerer [2019], S. 44.

[26] Vgl. OECD [2021], S. 21.

[27] Vgl. ebd.

[28] Vgl. OECD [2021], S. 23.

[29] Vgl. Schlick/König [2020], S. 21.

[30] Vgl. Elamine [2022], S. 362.

[31] Vgl. Leyh et al. [2018], S. 38.

[32] Vgl. Hanschke [2021], S. 214.

[33] Vgl. Hanschke [2021], S. 217.

[34] Vgl. Hanschke [2021], S. 210.

3.1.2 Globalisierung

Eine enge Verbindung mit der Digitalisierung weist die Globalisierung auf. Auch zu diesem Begriff liegen unterschiedlichste Begriffsdefinitionen vor – Im Allgemeinen handelt es sich jedoch um „die zunehmende, grenzüberschreitende Verflechtung von wirtschaftlichen, politischen und kulturellen Zusammenhängen"[35]. Erst durch die Digitalisierung von Kommunikationsprozessen und die verbundenen Kostensenkungspotentiale konnte eben diese Verflechtung erreicht werden.[36] Unternehmen handeln dadurch nicht mehr regional begrenzt, sondern stehen in internationalen Lieferanten- und Kundenbeziehungen. Zudem entfallen Notwendigkeiten des regionalen Bezugs – Unternehmen können die Standortwahl unabhängiger gestalten.[37] Das allgemein hohe Kostenniveau Deutschlands führt dazu, dass Anreize zum Umzug in kosteneffizientere Standorte entstehen.[38] Während die Forschung und Entwicklung bisher nur einen geringeren Abzug erfuhr, ist dieser vor allen Dingen bei arbeitsintensiven Dienstleistungen höher.[39] Für die Büroimmobilie könnte dies erneut implizieren, dass auf eine hohe innovationsfördernde Wirkung der Flächen Wert gelegt werden sollte.

Globalisierung führt jedoch auch dazu, dass ausländische Fachkräfte in Deutschland angestellt werden.[40] Hierbei ist gemäß *Hackl et al.* zu beobachten, dass die internationale Konkurrenzsituation steigt.[41] Die Bürofläche fungiert hierbei durchaus als Instrument zur Erhöhung der Arbeitgeberattraktivität.[42]

3.1.3 Bevölkerungsentwicklung

Auch die Entwicklung der Bevölkerung versteht sich als Teilelement des Trends New Work.[43] Die einschlägige Literatur ist sich grundsätzlich einig über entstehende Veränderungsprozesse, die sich durch die Entwicklung der Bevölkerung

---

[35] Hackl et al. [2017], S. 15.
[36] Vgl. ebd.
[37] Vgl. Walter et al. [2013], S. 26.
[38] Vgl. Walter et al. [2013], S. 27.
[39] Vgl. ebd.
[40] Vgl. Walter et al. [2013], S. 48.
[41] Vgl. Hackl et al. [2017], S. 15.
[42] Vgl. Christmann/Glatte [2022], S. 173.
[43] Vgl. Jobst-Jürgens [2020], S. 13.

ergeben. Essentiell lässt sich hierbei erkennen, dass aufgrund sinkender Geburten-
raten, einer steigenden Lebenserwartung und einem negativen Wanderungssaldo
damit zu rechnen ist, dass sich Deutschlands Bevölkerungszahl rückläufig entwickeln wird.[44] Zudem ist die Alterung der Gesellschaft ein bereits länger
anerkanntes Phänomen.[45] Gemäß des *Statistischen Bundesamtes* soll die Zahl
der Menschen ab 67 Jahren bis 2035 um mehr als ein Fünftel steigen.[46] Für
Unternehmen hat dies gemäß *Hackl et al.* zur Folge, dass immer weniger
Arbeitskräfte – vor allen Dingen hochqualifizierte Arbeitskräfte – zur Verfügung
stehen.[47] *Jobst-Jürgens* schlussfolgert daraus zudem den Bedarf des Austauschs
zwischen den Generationen.[48]

Für die Büroimmobilie lassen sich demnach mehrere Anforderungen ableiten.
Zum einen kann erneut gedeutet werden, dass das Büro als Kriterium für das
Unternehmen im Wettbewerb um Arbeitnehmer verstanden werden kann.[49] Zum
anderen ist ein intergenerationeller Austausch zu ermöglichen.[50] Die Büroimmobilie muss somit sowohl jüngere als auch ältere Generationen ansprechen und
eine Zusammenarbeit zwischen beiden Gruppen unterstützen.

3.1.4 Wertewandel

Die heutige Arbeitswelt ist von einem Wandel der Werte geprägt.[51] *Urbach und
Ahlemann* sehen hierbei allen voran eine höhere Relevanz in der „Individualität
und Selbstbestimmung"[52]. Auch *Hackl et al.* sehen dies als Teil des sich verändernden Wertesystems, erweitern dieses jedoch um einige weitere Aspekte.[53]
Hier kann vor allen Dingen ein starker Gemeinschaftsgedanke und ein Drang
nach Förderung erkannt werden.[54]

---

[44] Vgl. Hackl et al. [2017], S. 12 ff.

[45] Vgl. Walter et al. [2013], S. 6; vgl. Hackl et al. [2017], S. 13.

[46] Vgl. Statistisches Bundesamt [2021], o. S.

[47] Vgl. Hackl et al. [2017], S. 13.

[48] Vgl. Jobst-Jürgens [2020], S. 15.

[49] Vgl. Christmann/Glatte [2022], S. 173.

[50] Vgl. Walter et al. [2013], S. 90.

[51] Vgl. Urbach/Ahlemann [2018], S. 81; vgl. Hackl et al. [2017], S. 21; vgl. Walter et al.
[2013], S. 34; vgl. Hofman et al. [2019], S. 35.

[52] Urbach/Ahlemann [2018], S. 81.

[53] Vgl. Hackl et al. [2017], S. 22 f.

[54] Vgl. Hackl et al. [2017], S. 23.

Zudem wächst die Bedeutung einer vorteilhaften Balance zwischen Arbeit und Freizeit: Gemäß *Weidenbach* steigt der Anteil der Menschen stetig, „die lieber im Beruf kürzer treten und dafür mehr Zeit für die Familie haben."[55] Doch auch das Miteinander innerhalb der unternehmenseigenen Organisation steigt in der Relevanz.[56] Gemäß *Walter et al.* ist der Wertewandel untrennbar mit den Veränderungen auf dem Arbeitsmarkt durch demographische Prozesse verbunden.[57] Die Knappheit an (qualifizierten) Arbeitskräften führt dazu, dass die gewünschten Werte auch als Selbstverständnis gesehen und entsprechend eingefordert werden.[58]

Die Büroimmobilie muss dazu beitragen, diese Werte umzusetzen. Gemäß einer Studie des *Fraunhofer Instituts* ist das Büro vorwiegend als Ort der Begegnung zu sehen.[59] Die emotionale Erfahrung durch das Büro korreliert dabei zudem stark mit der allgemeinen Arbeitseinstellung der Arbeitnehmer/-innen: „So lassen sich signifikante Zusammenhänge zwischen Wohlbefinden […], Motivation […], Commitment […] sowie Performance am Arbeitsplatz […] verzeichnen, wenn Personen mit ihrer Büroumgebung zufrieden sind"[60]. Das Angebot der Bürofläche sollte gemäß der Studie über das schlichte Bereitstellen einer Arbeitsfläche hinausgehen.[61]

3.1.5 Corona-Krise als Katalysator des Wandels

Viele der zitierten Studien reichen in ihrer Untersuchung und ihrer Publikation bereits einige Jahre zurück. Hierdurch wird verdeutlicht, dass New Work bereits seit geraumer Zeit die Arbeit und folglich die Anforderungen an Büroflächen verändert und intrinsisches Potential besitzt, dies auch weiterhin zu tun. Die immensen Auswirkungen der COVID-19 Pandemie sollten daher zunächst ausgeblendet werden. Auf diese soll aufgrund ihrer Tragweite gesondert in diesem Teil des Kapitels eingegangen werden.

---

[55] Weidenbach [2021], S. 22.

[56] Vgl. Ditfurth/Linzmaier [2022], S. 66.

[57] Vgl. Walter et al. [2013], S. 26.

[58] Vgl. Walter et al. [2013], S. 35.

[59] Vgl. Dienes et al. [2022], S. 48.

[60] Jurecic et al. [2018], S. 33.

[61] Vgl. Jurecic et al. [2018], S. 52.

Zunächst lässt sich erkennen, dass einschlägige Studien darin übereinstimmen, dass die Pandemie die bereits laufenden Prozesse stark intensiviert und beschleunigt hat.[62] Eine der wichtigsten Veränderungen, die sich durch die COVID-19 Pandemie für das hiesige Thema ergab, war die Erhöhung der Arbeit aus den eigenen vier Wänden, dem sogenannten Homeoffice. Im Januar 2021 folgte dann eine gesetzliche Homeoffice-Pflicht: „Darin ist festgelegt, dass Arbeitgeber verpflichtet sind, ihren Mitarbeiterinnen und Mitarbeitern Homeoffice anzubieten, soweit keine betriebsbedingten Gründe entgegenstehen."[63] Während in einer Studie der *Hans Böckler Stiftung* vor der Pandemie lediglich vier Prozent der Beschäftigten größtenteils von zuhause arbeiteten, waren es zu Spitzenzeiten 27 %.[64] Das *ifo Institut* konnte in einer Beobachtung sogar einen Spitzenwert von 32 % messen.[65] Die Differenz lässt sich jedoch darauf zurückführen, dass eine unterschiedliche Intensität zur Einstufung verwendet wurde. Unternehmen mussten jedoch in beiden Fällen die Möglichkeit zur Arbeit außerhalb der eigenen Büroräume schaffen.

Dadurch kamen auch dritte Arbeitsorte, auch *third places* genannt, zur Bewältigung der Arbeit infrage.[66] Dabei kann es sich beispielsweise um Bibliotheken oder Cafés handeln.[67] Auch *Coworking Spaces,* in denen temporär und flexibel ein Arbeitsplatz in einer gemeinsamen Bürofläche – größtenteils unabhängig von einer Unternehmenszugehörigkeit – angemietet werden kann, sind hierbei von hoher Relevanz.[68] Ausschlaggebend für den Einfluss auf das Büro von morgen ist jedoch, inwiefern sich alternative Arbeitsorte nach gesetzlichen Vorgaben und über das Ende der Pandemie hinaus halten. Im Rahmen einer Erhebung der *Universität Konstanz* konnte hierzu aufgezeigt werden, dass über die Hälfte der Arbeitnehmer/ -innen auch nach der jetzigen Situation – zumindest teilweise – im Homeoffice arbeiten möchte.[69] Gemäß einer Studie der *Bertelsmann-Stiftung* gehen 63 % der Befragten davon aus, dass eine Auflösung der Präsenzkultur stattfindet.[70] Es lässt sich somit annehmen, dass die Bürofläche in Zukunft neben

---

[62] Vgl. Kunze et al. [2020], S. 1; vgl. Corona Datenplattform [2021], S. 16; vgl. Dienes et al. [2022], S. 22; vgl. Ditfurth et al. [2020], S. 4.

[63] Corona Datenplattform [2021], S. 4.

[64] Vgl. Hans Böckler Stiftung [2021], o. S.

[65] Vgl. Corona Datenplattform [2021], S. 5.

[66] Vgl. Fels [2022], S. 651.

[67] Vgl. Dienes et al. [2022], S. 18.

[68] Vgl. Werther [2021], S. 4.

[69] Vgl. Kunze et al. [2020], S. 3.

[70] Vgl. Ramin et al. [2020], S. 6.

alternativen Arbeitsorten, insbesondere dem Homeoffice, koexistiert und mit diesen in gewissem Maße konkurrieren wird. Damit stimmt auch die Studie des *Fraunhofer Instituts* überein.[71]

Laut *Stettes* und *Voigtländer* wollen innerhalb einer Befragung lediglich 6,4 % der Unternehmen tatsächlich Flächen reduzieren.[72] Eine Schlussfolgerung hieraus könnte sein, dass der vorwiegende Zweck von Bürogebäuden im Austausch der Beschäftigten gesehen wird. Nahezu jedes fünfte Unternehmen will Büroflächen umwidmen.[73] Auch beschäftigtenseitig sprechen sich lediglich 14 % der Befragten dagegen aus, Büroflächen hauptsächlich als Flächen des Austauschs zu sehen und Einzelarbeiten im Homeoffice zu erledigen.[74] Gemäß *Ditfurth et al.* wünschen sich „83 % der Befragten [...], mobil außerhalb des Büros arbeiten zu können – die Mehrheit (51 %) würde im Durchschnitt gerne zwischen ein und drei Tage pro Woche so tätig sein"[75]. Laut der Studie von *Kunze et al.* will ein Viertel der Beschäftigten sogar fünf Tage im Homeoffice arbeiten.[76] Dadurch können Flächen zum einen reduziert, zum anderen einer neuen Nutzung zugeführt werden.[77]

Die zunehmende Ortsungebundenheit der Arbeitsdurchführung hat zudem zur Folge, dass eine Neubewertung der Standortfaktoren von Büroimmobilien stattfindet.[78] Es kann angenommen werden, dass längere Arbeitswege in Kauf genommen werden, wenn sich Präsenztage reduzieren.[79] Zusammen mit den sich ändernden Werten gewinnen weiche Standortfaktoren eine höhere Bedeutung.

Alles in allem haben die pandemiebedingten Ereignisse vielfältige Auswirkungen auf die Bürofläche an sich und zwangen Unternehmen bereits zu Anpassungen. Neben den Aspekten im Zusammenhang mit New Work stellt sich jedoch auch – wie bereits erläutert – die Nachhaltigkeit als großer Veränderungstreiber dar. Diese soll im Folgenden näher beleuchtet werden.

---

[71] Vgl. Dienes et al. [2022], S. 48.

[72] Vgl. Stettes/Voigtländer [2021], S. 2.

[73] Vgl. ebd.

[74] Vgl. Dienes et al. [2022], S. 50.

[75] Ditfurth et al. [2020], S. 6.

[76] Vgl. Kunze et al. [2020], S. 4.

[77] Vgl. Stettes/Voigtländer [2021], S. 3.

[78] Vgl. Dienes et al. [2022], S. 40.

[79] Vgl. ebd.

3.2   Nachhaltigkeit von Immobilien

Das Themenfeld der Nachhaltigkeit zeigt sich in nahezu allen Lebensbereichen als äußerst präsent. Dabei wird der Terminus unterschiedlich definiert.[80] *Holzbaur* definiert eine Entwicklung als nachhaltig, „wenn sie dafür sorgt, dass die Bedürfnisse von jetzigen und zukünftigen Generationen befriedigt werden können."[81] Es lässt sich somit bereits grundsätzlich ein enger Kontext mit der Zukunftsfähigkeit erkennen.

In der Literatur lässt sich bei dem Konzept der Nachhaltigkeit oftmals eine Teilung in drei Ebenen feststellen.[82] Hierbei wird zwischen einer ökonomischen, einer ökologischen und einer sozialen Ebene unterschieden.[83] Jede dieser Ebenen sorgt für individuelle Erfordernisse, welche jedoch einer ganzheitlichen Betrachtung unterzogen werden sollen.[84] Hierbei wird jeder Ebene grundsätzlich die gleiche Relevanz zugeschrieben.[85]

Bei der ökologischen Ebene steht insbesondere eine Schonung von endlichen Ressourcen in Vordergrund.[86] So sollen beispielsweise im Kontext einer Immobilie energetische Verbräuche, aber auch der Wasserverbrauch reduziert werden.[87] Gleichzeitig wird eine effiziente Flächennutzung angestrebt.[88]

In der ökonomischen Dimension werden Kosten der Immobilie ganzheitlich über den gesamten Lebenszyklus (siehe Abb. 3.1) des Gebäudes bewertet.[89] Diese Betrachtung ist sinnvoll, da die Kosten mit zunehmendem Alter des Gebäudes tendenziell ansteigen, während die Beeinflussbarkeit der Kosten stetig abnimmt.[90]

---

[80] Vgl. Holzbaur [2020], S. 1.

[81] Holzbaur [2020], S. 2.

[82] Vgl. Holzbaur [2020], S. 2; vgl. Mumm [2016], S. 14; vgl. Alda/Hirschner [2016], S. 29; vgl. Bundesministerium des Innern, für Bau und Heimat [2019], S. 15.

[83] Vgl. Mumm [2016], S. 14.

[84] Vgl. Bundesministerium des Innern, für Bau und Heimat [2019], S. 15.

[85] Vgl. Friedrichsen [2018], S. 23 f.

[86] Vgl. Bundesministerium des Innern, für Bau und Heimat [2019], S. 15.

[87] Vgl. ebd.

[88] Vgl. ebd.

[89] Vgl. Friedrichsen [2018], S. 5.

[90] Vgl. ebd.

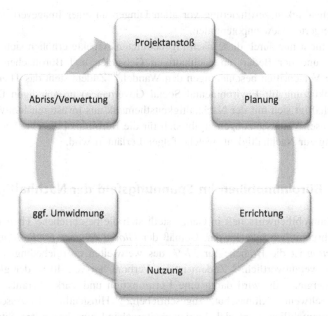

Abb. 3.1 Lebenszyklus einer Immobilie (Quelle: Eigene Darstellung in Anlehnung an Glatte [2014], S. 21)

Schließlich befasst sich die soziale und kulturelle Dimension mit Aspekten der Nutzenmaximierung – beispielsweise durch eine verbesserte Inklusion oder eine Erhöhung der Funktionalität und des Komforts des Gebäudes.[91]

Zur Bewertung der Nachhaltigkeit von Gebäuden besteht eine Vielzahl von Zertifizierungssystemen, welche jeweils unterschiedliche Einzelkategorien explorieren.[92] Allgemein betrachtet werden jedoch überall die drei beschriebenen Dimensionen – wenn auch in individuellen Subkategorien – bewertet.[93] Marktführend in Deutschland stellt sich dabei die *Deutsche Gesellschaft für Nachhaltiges Bauen* dar.[94] Die Zertifizierung von Gebäuden erfolgt dabei jedoch nicht nur aus Gründen des Umweltschutzes, vielmehr erfreuen sich Investoren durch

---

[91] Vgl. Bundesministerium des Innern, für Bau und Heimat [2019], S. 15.

[92] Vgl. Friedrichsen [2018], S. 25.

[93] Vgl. ebd.

[94] Vgl. Deutsche Gesellschaft für Nachhaltiges Bauen [2019], S. 2.

eine Nachhaltigkeitszertifizierung vor allen Dingen an einer Imageverbesserung und gesteigerten Gewinnpotentialen.[95]

Doch nicht nur durch diese nachfragebedingten Aspekte erhöhen sich Potentiale von und der Bedarf an nachhaltigen Gebäuden und Büroflächen. Auch staatliche Vorschriften beschleunigen den Wandel.[96] Zudem steht das Thema der *ESG* (Abkürzung für Environmental Social Governance) im ständigen Diskurs und beschäftigt sich mit der Nachhaltigkeitsthematik aus Investorensichtweise.[97] Neben diesen Voraussetzungen ergibt sich für die Büroimmobilie eine besondere Beziehung zur Nachhaltigkeit, welche folgend erläutert wird.

3.2.1 Büroimmobilien im Spannungsfeld der Nachhaltigkeit

Für die Immobilienwirtschaft in Gänze stellt sich die beschriebene Thematik als überdurchschnittlich relevant dar. Gemäß der *Global Alliance for Buildings and Construction* ist die Branche für 37 % des weltweiten energiebedingten CO_2-Ausstoßes verantwortlich.[98] Zudem ist sie Verbraucher von 40 % der globalen Gesamtenergie.[99] Ihr wird damit eine Kernfunktion und starke Verantwortlichkeit im weltweiten Klimaschutz zugeschrieben.[100] Hinsichtlich der Assetklasse der Büroimmobilien zeigt sich hierbei weitergehend eine besondere Situation. Im Rückgriff auf die Struktur des deutschen Büroimmobilienbestands ließ sich bereits ein hoher Anteil an älteren Bürogebäuden feststellen. Zwar stellt sich der Bestand im Vergleich zu dem der Wohngebäude durch die kürzere Dauer der Nutzungsfähigkeit als jünger dar[101], dennoch sind gemäß einer Studie der *Deutschen Energie-Agentur* „64 % der Bürogebäude und 53 % der Nutzfläche [...] vor dem Inkrafttreten der 1. Wärmschutzverordnung im Jahr 1978 errichtet worden."[102] Entsprechend zeigt sich ein hoher Anteil am Energieverbrauch: Ein Fünftel des Gesamtenergieverbrauchs aller Nicht-Wohngebäude ist auf Büroimmobilien zurückzuführen.[103] Dies impliziert durchaus die Pflicht

---

[95] Vgl. Deutsche Gesellschaft für Nachhaltiges Bauen [2019], S. 5.

[96] Vgl. Pfnür et al. [2022], S. 3.

[97] Vgl. Reich [2022], S. 137.

[98] Vgl. Global Alliance for Buildings and Construction [2021], S. 15.

[99] Vgl. ebd.

[100] Vgl. Deutsche Gesellschaft für Nachhaltiges Bauen [2020], S. 12.

[101] Vgl. Henger et al. [2017], S. 15.

[102] Henger et al. [2017], S. 3.

[103] Vgl. Henger et al. [2017], S. 3.

der Nutzung jeglicher Einsparungspotentiale und lässt Schlussfolgerungen auf
zukünftige Anforderungen hinsichtlich energieeffizienter Flächen zu.
Intensiviert wird diese Problematik durch die aktuell angespannte Situation in
Folge des Krieges in der Ukraine. Nicht nur der Rohstoffmangel und die verbundenen Lieferengpässe sorgen beim Bau für Verzögerungen und Verteuerungen,
auch die Energieeffizienz von Gebäuden erfährt eine besondere Betrachtung.[104]
Die steigenden Energiepreise werden zudem von Unsicherheiten im Zusammenhang mit der wirtschaftlichen Zukunft begleitet.[105] Im Hinblick auf die
ökonomische Nachhaltigkeit lässt dies demnach ebenfalls Schlüsse zu. Immerhin
stellen Immobilien meist den zweitgrößten Kostenblock in Unternehmen dar.[106]
Neben einer Reduktion der immobilienspezifischen Kosten durch effizientere Nutzung stellt dabei auch eine Erhöhung der Flexibilität eine entscheidende Rolle
in unsicheren Zeiten dar. Die Nutzungseffizienz von Büroimmobilien ist hierbei jedoch von einigen Besonderheiten geprägt, welche im Folgenden betrachtet
werden.

3.2.2 Nachhaltige und effiziente Büronutzung

Durchaus als wichtig zu berücksichtigen ist, dass Büroimmobilien in ihrer pri-
mären Nutzung im Wesentlichen beispielsweise an die Geschäftszeiten des darin
agierenden Unternehmens gebunden sind. Zeitlich betrachtet weisen Büroimmobilien demnach nur eine begrenzte Nutzungsintensität auf. Gleichzeitig sorgen
jedoch auch starre Arbeitsplatzkonzepte dafür, dass nur eine geringe Auslastung der Flächen vorliegt.[107] *Ditfurth et al.* gehen davon aus, dass teilweise
nur 40 % der Arbeitsplätze tatsächlich belegt sind.[108] Berücksichtigt man den
Fakt, dass sich diese Zahl auf Zeit vor der veränderten Situation durch die
COVID-19 Pandemie und verstärkter Homeoffice-Tätigkeit bezieht, intensiviert
sich der Handlungsbedarf. In dieser Studie konnte zudem festgestellt werden,
dass trotz der Belegungskennwerte nahezu 90 % der Befragten solche starren
Modelle verwenden, bei denen jedem Mitarbeiter und jeder Mitarbeiterin ein

---

[104] Vgl. Haufe [2022], o. S.
[105] Vgl. ebd.
[106] Vgl. Ditfurth et al. [2020], S. 6.
[107] Vgl. Ditfurth et al. [2020], S. 6.
[108] Vgl. ebd.

Arbeitsplatz fest zugeteilt wird.[109] Es lässt sich ableiten, dass moderne Arbeitsplatzkonzepte von Nöten sind, welche eine flexible Zuteilung unter effizienten Gesichtspunkten ermöglichen.[110] Hierdurch lassen sich ungebrauchte Flächen reduzieren und folglich Verbräuche mindern. Einsetzbar wären hierbei Systeme, die eine tagesspezifische Buchung der Arbeitsplätze ermöglichen, welche von potenziellen Nutzern und Nutzerinnen bereits als positiv erachtet werden.[111] Die Wichtigkeit der Symbiose mit dem Arbeiten an alternativen Arbeitsorten, wie dem Homeoffice, soll hierbei nun näher beleuchtet werden.

3.2.3 Homeoffice als nachhaltiger Konkurrent

Im besonderen Maße hat die COVID-19 Pandemie auch die Sichtweise auf die Nachhaltigkeit von Büroimmobilien verändert. Die bereits in den vorangestellten Kapiteln des Buches beschriebenen Möglichkeiten der Arbeit an alternativen Arbeitsorten veränderte hier entscheidend die Einstellung zum Flächenbedarf – insbesondere aus der Nutzersicht.[112] In einer Studie des *IGES Instituts in Zusammenarbeit mit Forsa* konnte festgestellt werden, dass Arbeitnehmer viele Vorteile in der Arbeit im Homeoffice sehen.[113] Hierbei konnten Aspekte insbesondere der sozialen Nachhaltigkeit zugeordnet werden. Beispielsweise empfinden 68 % der Befragten durch das Homeoffice eine bessere Vereinbarkeit von Familie und Beruf.[114] Zudem sieht ein Großteil eine starke Zeitersparnis durch Wegfall des Arbeitsweges.[115]

Die Verstärkung der Homeoffice-Tätigkeit sorgt jedoch darüber hinaus für weitere Effekte im Hinblick auf den Nachhaltigkeitsdiskurs, die die Büroimmobilie als solche tangieren. Hier lässt sich in erster Linie die veränderte Mobilität der Arbeitnehmer nennen. Fahrten im Individualverkehr sorgen für eine erhöhte Umweltbelastung – vor allen Dingen beim Pendeln zum Arbeitsort mit dem PKW, da diese Wege oftmals allein vollzogen werden.[116] In einer Studie des *Öko-Instituts* werden hierzu die ökologischen Auswirkungen des Homeoffice

---

[109] Vgl. ebd.
[110] Vgl. Ditfurth/Linzmaier [2022], S. 69.
[111] Vgl. ebd.
[112] Vgl. Ditfurth/Linzmaier [2022], S. 67.
[113] Vgl. IGES Institut [2021], S. 12.
[114] Vgl. IGES Institut [2021], S. 12.
[115] Vgl. ebd.
[116] Vgl. Öko-Institut [2022], S. 3.

beleuchtet und mehrere Szenarien dargestellt. Bei einem Anteil der im Home-office arbeitenden Arbeitnehmer/ -innen von 35 % könnten bis zu 9,6 Mio. Tonnen CO_2 eingespart werden.[117] Zur Erinnerung: Das *ifo Institut* konnte während der COVID-19 Pandemie in einer Beobachtung einen Spitzenwert von 32 % an Homeoffice-Tätigen messen.[118] Nicht zu verachten sind dabei auch soziale Aspekte des veränderten Verkehrsverhaltens. So sinken mit einer Reduktion von PKW-Fahrten auch Lärmemissionen, Luftbelastungen und die Zahl der Autounfälle.[119]

Schlussfolgern lässt sich aus diesen Annahmen, dass Büroflächen in Zukunft ihre Daseinsberechtigung rechtfertigen müssen, da Alternativen wie Homeoffice hohe Nachhaltigkeitspotentiale aufweisen. Zudem offenbaren die zurückliegenden und anhaltenden Ereignisse, dass einfache Bürotätigkeiten nicht zwingend das Büro als Durchführungsort benötigen. Vielmehr sollten bestehende Flächen einer neuen, angepassten Nutzung zugeführt werden, um weiterhin einen internen Beitrag leisten zu können. Der physische Ort der Arbeitsbewältigung kann dennoch eine Vielzahl an Funktionen erfüllen, die nutzerspezifisch variieren. Dies zeigt sich auch gemäß *Stettes* und *Voigtländer*, indem mehr Unternehmen Flächen umwidmen und umstrukturieren wollen als Flächen zu reduzieren.[120] Denn durchaus sind bestehende Vorteile der Büroimmobilie noch immer präsent. Beispielsweise fehlt drei Viertel aller Befragten der *IGES*-Studie im Homeoffice der Kontakt zu den Mitarbeitern.[121] Veränderungen zeigen sich jedoch auch auf dem Büroimmobilienmarkt, welche im Folgenden näher betrachtet werden sollen.

3.3 Büroimmobilienmarkt Deutschlands

Die herrschende Situation auf dem Immobilienmarkt kann einen entscheidenden Einfluss darauf haben, wie stark die Anbieterseite einem Anpassungsdruck – im hiesigen Fall zur Berücksichtigung und Erhöhung der Zukunftsfähigkeit – ausgesetzt ist. Grundsätzlich entscheidet das spezifische Nachfrageverhalten – insbesondere in einem Markt, in dem der Nachfrager eine stärkere Marktposition besitzt – maßgeblich über die jeweilige Produktpolitik.[122]

---

[117] Vgl. Öko-Institut [2022], S. 24.
[118] Vgl. Corona Datenplattform [2021], S. 5.
[119] Vgl. Öko-Institut [2022], S. 4.
[120] Vgl. Stettes/Voigtländer [2021], S. 3.
[121] Vgl. IGES Institut [2021], S. 12.
[122] Vgl. Brauer [2019], S. 5.

Zur Beschreibung aktueller Marktverhältnisse werden vornehmlich Kennzahlen zu Leerstandsquoten, dem Neubauvolumen und der Preisentwicklung verwendet.[123] Die Erhebung der Daten erfolgt ähnlich wie bei der Bestandserhebung, die zu Beginn beschrieben wurde, in der Praxis jedoch nur regional begrenzt, vor allen Dingen in größeren Städten.[124] Zudem sind führende Datenerhebungsorganisationen privatwirtschaftlicher Natur. Zu beachten ist dabei, dass die entsprechenden Makler- und Beratungshäuser individuelle Datengrundlagen besitzen und zudem indirekt von steigenden Immobilienpreisen profitieren.[125] Daher sind die Daten stets untereinander und in Relation zu alternativen Quellen abzuwägen. In der vorliegenden Arbeit wird auf Daten der führenden Beratungshäuser *CBRE, JLL, Colliers* sowie der *PNB Paribas Real Estate GmbH* und des *Zentralen Immobilienausschusses e. V.* zurückgegriffen.

Zunächst lässt sich hier nennen, dass alle Quellen in 2021 steigende Flächenumsätze zum Vorjahr 2020 ausweisen, während explizite Werte von 8,5 % bis 21,7 % reichen.[126] Es zeigt sich durchaus eine große Spannbreite, dennoch impliziert die Zunahme an Flächenumsätzen im Allgemeinen zunächst einen Nachfragezuwachs. Dieser wird in den Marktberichten in den Vordergrund gestellt.[127] Vereinzelt werden jedoch auch mögliche negative Entwicklungen des Büroimmobilienmarkts angedeutet.[128] Zu beachten ist bei den positiven Flächenumsätzen jedoch, dass es sich bei benanntem Vorjahr um ein stark krisengeprägtes und unsicheres Jahr für den Büroimmobilienmarkt handelt, das durch eine unterdurchschnittliche Nachfrage geprägt war.[129]

Es ist ebenfalls ein detaillierter Blick auf die nachgefragten Flächen von Nöten. Hierbei lässt sich ein hoher Vorvermietungsstand der Projekte in der Pipeline nennen.[130] Doch trotz dieser hohen Vermietungsquote im Bau und steigender Flächenumsätze zeigt sich nach Jahren des Rückgangs ein erneuter Anstieg des

---

[123] Vgl. Kortmann et al. [2022], S. 6; vgl. Feld et al. [2022], S. 85-93; vgl. BNP Paribas Real Estate GmbH [2022], S. 1-2.

[124] Vgl. Kortmann et al. [2022], S. 6; vgl. Feld et al. [2022], S. 86; vgl. BNP Paribas Real Estate GmbH [2022], S. 1.

[125] Vgl. Schwering [2019], S. 281.

[126] Vgl. Kiese/Allroggen [2022], S. 2; vgl. Kortmann et al. [2022], S. 6.; vgl. Feld et al. [2022], S. 86; vgl. Linsin et al. [2022], S. 14; vgl. BNP Paribas Real Estate GmbH [2022], S. 1.

[127] Vgl. Kortmann et al. [2022], S. 2; vgl. Feld et al. [2022], S. 85; vgl. BNP Paribas Real Estate GmbH [2022], S. 1.

[128] Vgl. Feld et al. [2022], S. 88; vgl. Kortmann et al. [2022], S. 2.

[129] Vgl. Feld et al. [2022], S. 85.

[130] Vgl. Linsin et al. [2022], S. 13.

Leerstands.[131] Der Leerstand in Hamburg beispielsweise stieg vom ersten Quartal des Jahres 2021 zum selbigen des Folgejahres um mehr als 35 %.[132] Eine ähnliche Situation zeigt sich in allen der sieben Hauptbürozentren Deutschlands.[133] Denn gemäß *Feld et al.* sind es zum großen Teil moderne Büroflächen, die nachgefragt werden.[134] Auch die Berichte der Makler- und Beraterhäuser stimmen damit überein.[135]

Während der Nachfrageanstieg demnach insbesondere diesen modernen Flächen zugeordnet werden kann, lässt sich schlussfolgern, dass der Leerstand insbesondere Gebäuden und Flächen zuzuordnen ist, die nicht mehr zeitgemäß sind. Intensiviert wird dieser Prozess dadurch, dass auf dem Immobilienmarkt oftmals ein Zeitversatz herrscht.[136] Reaktionen der Marktteilnehmer können zum Teil erst einige Jahre später spürbar werden. Dies lässt sich auch bei Vermietungs- und Leerständen von Büroimmobilien erkennen. Durch feste Mietvertragslaufzeiten können Nachfrageänderungen teils äußerst zeitversetzt sichtbar werden. Zudem verhindern unterschiedliche Mietvertragsendzeitpunkte, dass eine Erhöhung des Leerstands ad hoc zu verzeichnen ist. Darüber hinaus muss beachtet werden, dass strategische Entscheidungen der Unternehmen zur Flächenreduktion einige Zeit in Anspruch nehmen und Reaktionszeiten erneut verlängern.[137] Der bereits zum jetzigen Zeitpunkt sichtbare Wandel kann demnach in den Folgeperioden durchaus intensiviert werden. So zeigt eine *PwC*-Studie aus dem Jahr 2020, dass 60 % der Unternehmen Büroflächen reduzieren wollen.[138] In einer neueren Studie ist es nur noch ein Drittel der befragten Unternehmen.[139] Trotzdem sind es nahezu 80 % der Unternehmen, die einen Umbau oder eine Anpassung der Flächen geplant oder bereits realisiert haben.[140] Es zeigt sich, dass nutzer- und nachfrageseitig durchaus mit einer Veränderung des Marktes zu rechnen ist.

---

[131] Vgl. Feld et al. [2022], S. 91; vgl. Kortmann et al. [2022], S. 4; vgl. Kiese/Allroggen [2022], S. 3.

[132] Vgl. Kortmann et al. [2022], S. 6.

[133] Vgl. Kiese/Allroggen [2022], S. 8.

[134] Vgl. Feld et al. [2022], S. 88.

[135] Vgl. Kiese/Allroggen [2022], S. 3; vgl. Linsin et al. [2022], S. 2; vgl. Kortmann et al. [2022], S. 5.

[136] Vgl. Rottke [2017a], S. 46.

[137] Vgl. Lange [2019], S. 485.

[138] Vgl. Rauch et al. [2020], S. 11.

[139] Vgl. Rauch et al. [2021], S. 13.

[140] Vgl. ebd.

Steigende Leerstandsquoten, Flächenminderungs- und Flächenumwidmungsabsichten deuten weitergehend auf eine Veränderung der Anforderungen an eine zukunftsfähige Bürofläche hin. Es bedarf einer ganzheitlichen Forschung, die unterschiedliche Sichtweisen berücksichtigt, deren Durchführung im Folgenden beschrieben wird.

Methodik 4

Bei Methoden handelt es sich im Allgemeinen um Handlungsmuster, die angewandt werden können, um ein bestimmtes Ziel zu erreichen.[1] Diese sind jedoch stets bedacht und angepasst an den jeweilig zugrunde liegenden Forschungsgegenstand zu wählen.[2] Grundsätzlich wird dem qualitativen Forschungsansatz zugeschrieben, dass eine Subjektivität des oder der Forschenden nur schwer ausgeschlossen werden kann.[3] Von hoher Wichtigkeit zeichnet sich daher ab, dass das Vorgehen ausführlich beschrieben wird, um eine Nachvollziehbarkeit zu erreichen.[4]

In Kap. 4 des Buches soll daher die Forschungsmethodik einer genaueren Beschreibung unterzogen werden. Hierbei wird dargestellt, wie die Wahl zum entsprechenden Forschungsansatz getroffen wurde. Zudem werden die innerhalb der Experteninterviews befragten Personen durch eine Vorstellung beschrieben und es wird auf die Erhebung und Auswertung der Daten eingegangen.

---

[1] Vgl. Häder [2015], S. 13.

[2] Vgl. Baur/Blasius [2019], S. 6.

[3] Vgl. Baur/Blasius [2019], S. 8.

[4] Vgl. ebd.

© Der/die Autor(en), exklusiv lizenziert an Springer Fachmedien Wiesbaden GmbH, ein Teil von Springer Nature 2024
T. Meier et al., *Die Zukunftsfähigkeit von Büroimmobilien*, Studien zum nachhaltigen Bauen und Wirtschaften,
https://doi.org/10.1007/978-3-658-43296-6_4

4.1   Wahl des Forschungsansatzes

Bevor die Wahl zugunsten eines spezifischen Forschungsansatzes getroffen werden kann, bedarf es einer intensiven theoretischen Vorbereitung. Hierbei findet eine Literaturauswertung statt, welche relevante Werke des Forschungsgebiets identifiziert und strukturiert.[5] Im vorliegenden Fall dient der vorangestellte theoretische Rahmen des Buches weniger einem Vergleich bereits bestehender Hypothesen, sondern vielmehr einer Strukturierung vorhandener Forschungsergebnisse und letztendlich einer Übertragung auf den expliziten Sachverhalt.[6]

Die empirische Forschung auf der anderen Seite dient grundsätzlich der Verbindung von diesen theoretischen Erarbeitungen mit praktischen Erkenntnissen. Andererseits stehen die Erkenntnisse beider Forschungen jedoch auch in einem Austauschverhältnis und können einander bedingen.[7] Im vorliegenden Fall wurde aufgrund geringer Dichte von theoretischen Überlegungen und Befunden zum behandelten Thema entschieden, empirisch zu arbeiten. Hierbei ist zwischen quantitativen und qualitativen Forschungsmethoden zu differenzieren.[8]

Bei der Unterscheidung zwischen einer qualitativen und einer quantitativen Untersuchungsmethode lassen sich einige Besonderheiten nennen. Zunächst hilft gemäß *Kirchmair* ein Blick auf die Begriffsbedeutungen der beiden Termini.[9] So lässt sich feststellen, dass quantitative Methoden auf Zahlenwerten, während qualitative Methoden vielmehr auf der Beschaffenheit der erforschten Materie beruhen.[10] Entsprechend lassen sich qualitative Daten meist in Worten und quantitative Daten in Zahlen beschreiben.[11] Die zu verwendende Methode ergibt sich jedoch nicht im Vorhinein, sondern beruht aufbauend auf den Erkenntnissen.[12] Dennoch kann dahingehend unterschieden werden, dass quantitativen Forschungen meist bestehende Theorien vorausgehen, die dann zahlentechnisch überprüft werden.[13] Qualitative Methoden setzen an einem anderen Punkt an. Durch sie wird versucht, etwas Neues zu entdecken und entsprechende Theorien zunächst

---

[5] Vgl. Wassermann [2015], S. 55.

[6] Vgl. Wassermann [2015], S. 55.

[7] Vgl. Häder [2015], S. 15.

[8] Vgl. Kirchmair [2022], S. 2.

[9] Vgl. Kirchmair [2022], S. 2.

[10] Vgl. ebd.

[11] Vgl. Häder [2015], S. 16.

[12] Vgl. Häder [2015], S. 61.

[13] Vgl. Brüsemeister [2008], S. 19.

zu entwickeln.[14] Es geht daher vielmehr darum, Gründe für verschiedenste Sachverhalte zu finden und bestimmte Fälle zu analysieren.[15] Darüber hinaus können Erkenntnisse genutzt werden, um Zukünftiges abzusehen.[16] Explorative Studien nutzen hierzu offen formulierte Forschungsfragen und widmen sich bisher wenig erforschter Gebiete, die ebenso offen für neue Befunde sind.[17]

Hier lässt sich auch die vorliegende Forschung einordnen. Die Analyse von Anforderungen, insbesondere im Hinblick auf die Zukunftsfähigkeit von Büroimmobilien bedarf eben dieser Herangehensweise. Vor allen Dingen eignet sich diese methodische Durchführung, da eine umfassende theoretische Grundlage noch nicht existiert. Durch eine Befragung von Experten unterschiedlicher Interessengruppen hat auch die Forschung offen gegenüber neuen und unerwarteten Erkenntnissen zu sein.

Kirchmair definiert bei der Durchführung qualitativer Forschung vier Prinzipien, die befolgt werden müssen und denen in dieser Forschung versucht wurde, Folge zu leisten.[18] Hierbei sei zunächst zu nennen, dass der oder die Durchführende offen gegenüber den zu gewinnenden Erkenntnissen und Erfahrungen zu sein hat.[19] Daran haben sich auch die verwendeten Methoden zu orientieren, welche ergebnisoffen konzipiert sein müssen.[20] Eben diese Individualität formt das nächste Prinzip *Kirchmairs*. Hier ist auf die Person und ihren persönlich individuellen Hintergrund zu achten, um diesen bei der Ergebnisinterpretation zu berücksichtigen.[21] Von ebenso hoher Wichtigkeit ist auch weitergehend die Fähigkeit, entscheidende Informationen aus den erhobenen Daten ziehen zu können und keinerlei wichtige Befunde zu vernachlässigen.[22] Schließlich befasst sich das vierte Prinzip mit dem oder der Durchführenden selbst. Die Eigenreflexion wird hier als Kriterium bei der Vorgehensweise und Durchführung gesehen, um ungewollte Beeinflussung und Fehler zu vermeiden.[23]

Zur qualitativen Forschung existiert eine Vielzahl an verschiedenen Methoden. Eine dieser Methoden mit hoher Relevanz und starker Benutzung innerhalb der

---

[14] Vgl. ebd.
[15] Vgl. Kirchmair [2022], S. 3.
[16] Vgl. Kirchmair [2022], S. 4.
[17] Vgl. Döring/Bortz [2016], S. 192.
[18] Vgl. Kirchmair [2022], S. 4.
[19] Vgl. ebd; vgl. Häder [2015], S. 63.
[20] Vgl. Kirchmair [2022], S. 4.
[21] Vgl. Kirchmair [2022], S. 5.
[22] Vgl. ebd.
[23] Vgl. ebd.

Forschung stellt dabei das Experteninterview dar[24] – auch wenn sich die Methode teils als nur unzureichend definiert darstellt.[25] Es lohnt sich daher zunächst ein Blick auf die Definition eines/einer Experten/-in als solchem/solcher zu werfen. Gemäß *Liebold und Trinczek* handelt es sich bei einem Experten oder einer Expertin um eine Person, die „im Hinblick auf das jeweilige Forschungsinteresse spezifisches Wissen mitbringt"[26]. Darüber hinaus besitzt sie oder er gemäß *Meuser und Nagel* „einen privilegierten Zugang zu Informationen über Personengruppen, Soziallagen, Entscheidungsprozesse, Politikfelder usw."[27]. Es handelt sich jedoch regelmäßig bei der Definition einer Person als Experte/-in um eine Betitelung des entsprechenden Forschers.[28] Wichtig ist hierbei zu beachten, dass der Expertenbegriff des oder der Forschenden dabei immer in einem Kontext mit dem gesellschaftlich begründeten Expertenbegriff steht.[29] Oftmals begründet sich dabei das Wissen des/der Experten/-in in der Ausführung eines bestimmten Berufs.[30] *Bogner et al.* gelangen so zu folgender Definition: „Experten lassen sich als Personen verstehen, die sich – ausgehend von einem spezifischen Praxis- oder Erfahrungswissen, das sich auf einen klar begrenzbaren Problemkreis bezieht – die Möglichkeit geschaffen haben, mit ihren Deutungen das konkrete Handlungsfeld sinnhaft und handlungsleitend für Andere zu strukturieren."[31] Diesen verschiedenen Aspekten wurde in der Durchführung der hiesigen Forschung Rechnung getragen. Nachfolgend findet eine Vorstellung der einzelnen Experten und Expertinnen statt, um deren Status als solchem oder solcher zu begründen.

4.2   Vorstellung der Experten/-innen

Das Sampling, also zu deutsch die Auswahl einer Stichprobe, erfolgte in der vorliegenden Forschungsarbeit unter diversen Gesichtspunkten, welche zunächst beleuchtet werden sollen. Innerhalb der qualitativen Forschung lässt sich nur schwer eine Repräsentativität im Sinne der quantitativen Methoden erreichen, vielmehr geht es „um das Erfassen aller empirischen Varianten und Ausprägungen

---

[24] Vgl. Wassermann [2015], S. 51; vgl. Liebold/Trinczek [2009], S. 32.

[25] Vgl. Liebold/Trinczek [2009], S. 32.

[26] Liebold/Trinczek [2009], S. 33.

[27] Meuser/Nagel [2009], S. 470.

[28] Vgl. Bogner et al. [2014], S. 11.

[29] Vgl. Bogner et al. [2014], S. 12.

[30] Vgl. Liebold/Trinczek [2009], S. 33.

[31] Bogner et al. [2014], S. 13.

eines bestimmten Phänomens"[32]. Dies soll im vorliegenden Fall dadurch erreicht werden, dass sich verschiedene Interessengruppen identifizieren lassen: die der Büroimmobiliennutzer, die der Büroimmobilienmakler und die der institutionellen Büroimmobilieninvestoren und -projektentwickler. Durch eine Befragung von jeweils zwei Experten/-innen dieser entsprechenden Gruppen soll sich ein ganzheitliches Bild relevanter Anforderungen einer zukunftsfähigen Büroimmobilie ergeben.

Personenbezogene Daten der Interviewten werden gemäß angeratener und gängiger Forschungspraxis anonymisiert.[33] Aus diesem Grunde beschränkt sich die Vorstellung der Experten/-innen auf die Begründung des Expertenstatus und die verbundene Angabe der Zugehörigkeit zu einer bestimmten Berufsgruppe.

Experte/-in 1 ist als Portfoliomanager/-in tätig und betreut ein Immobilienportfolio eines Immobilienfonds. Die Nutzungsart der Objekte differiert dabei zwischen Einzelhandel, Wohnen und Büro, wobei ein klarer Fokus auf letzterer Assetklasse liegt. Im Tätigkeitsfeld des Portfolio Managements ist man mit der „Berücksichtigung von Investition und Desinvestition zur Bildung bzw. Aufrechterhaltung eines erfolgreichen rendite- und risikoorientierten Immobilienbestandes"[34] beschäftigt. Durch seine/ihre mehrjährige Berufserfahrung in diesem Gebiet begründet sich eine fundierte Expertise aus dem Investorenblickwinkel auf die Forschungsfrage.

Experte/-in 2 arbeitet in einem Projektentwicklungsunternehmen, das selbst als Immobilienbestandshalter fungiert. Hierbei leitet er/sie den Bereich der Büroimmobilien und der Bürostrategie. Bereits davor war er/sie selbst als Architekt/-in von Büroimmobilien und in der Arbeitsplatzberatung tätig. Dadurch verfügt er/sie über eine umfassende Sichtweise auf Anforderungen an Büroimmobilien, die der hiesigen Forschung in vielerlei Hinsicht als Expertenknowhow zuträglich ist.

Experte/-in 3 ist im Asset Management und ebenfalls im Portfolio Management unter anderem von Büroimmobilien tätig. Asset Manager/-innen kümmern sich um das „kapitalmarktorientierte, strategische Management von Immobilien auf der Objektebene unter Beachtung der Ziele und Vorgaben des Eigentümers"[35]. Mitsamt ebenfalls einer vieljährigen Erfahrung in diesem Tätigkeitsfeld begründet sich der Expertenstatus.

Experte/-in 4 ist der Nutzerperspektive auf die Zukunftsfähigkeit von Büroimmobilien zuzuordnen. Er/Sie befasst sich beruflich in leitender Position mit dem

---

[32] Bogner et al. [2014], S. 37.

[33] Vgl. Bogner et al. [2014], S. 89.

[34] Lange [2019], S. 486.

[35] Lange [2019], S. 497.

Arbeitsplatzmanagement und der Mitarbeitererfahrung. Zudem fungiert er/sie mit Rückgriff auf ein Architekturstudium als Bauherrenvertretung für den im Bau befindlichen Unternehmenshauptsitz.

Experte/-in 5 arbeitet – ebenfalls in leitender Position – bei einer Unternehmensberatung, welche sich auf die Beratung hinsichtlich Büroorganisations- und Bürobedarfsplanung spezialisiert hat. In langjähriger beruflicher Tätigkeit berät er/sie dabei Büronutzer und beschäftigt sich intensiv mit deren Anforderungen an die Immobilie. Hierbei äußern sich die nutzenden Organisationen als sehr divers, wodurch sich eine ganzheitliche Sichtweise – vor allen Dingen unternehmens- und branchenübergreifend – impliziert.

Experte/-in 6 und 7 arbeiten als Gewerbeimmobilienmakler/-innen und betreuen die Assetklasse der Büroimmobilie. Sie sind dabei in unterschiedlichen Unternehmen und unterschiedlichen räumlichen Gebieten beschäftigt. Immobilienmakler/-innen verfügen durch ihre Position als Bindeglied zwischen der Nutzer- und der Anbieter- bzw. Entwicklersichtweise in der hiesigen Forschung ebenfalls über zuträgliches Wissen.[36]

4.3 Datenerhebung

Befragungen von Experten bedürfen stets einer intensiven Vorbereitung.[37] Die Durchführung der Interviews findet dabei vorwiegend mithilfe eines zuvor konzipierten Leitfadens statt.[38] Dies wird entsprechend auch von der einschlägigen Literatur empfohlen.[39]

Hierbei soll angeführt werden, dass qualitative Forschung im besten Falle zirkulär, also mehrfach nacheinander, durchgeführt werden sollte.[40] In dieser Forschungsarbeit findet jedoch nur ein Durchgang statt, wodurch keine *theoretische Sättigung* – also ein erneuter Durchgang keine neuen Erkenntnisse liefert – erreicht werden kann.[41]

Die Befragung der Experten fand in einem persönlichen Gespräch über verschiedene Online-Meeting-Programme statt. Die Wahl zugunsten dieser Durchführung beruht auf einigen Aspekten, die eigens diese Methode besitzt. Zunächst

---

[36] Vgl. Brauer [2019], S. 13.

[37] Vgl. Bogner et al. [2014], S. 27.

[38] Vgl. ebd.

[39] Vgl. Wassermann [2015], S. 57; vgl. Liebold/Trinczek [2009], S. 32.

[40] Vgl. Döring/Bortz [2016], S. 26.

[41] Vgl. Döring/Bortz [2016], S. 294.

lässt sich durch ein persönliches Gespräch eine Vertrauensbasis herstellen, die einen offenen Dialog fördert.[42] Insbesondere in der vorliegenden Forschungssituation stellen sich eine offene Gesprächskultur und dementsprechend eine Vielzahl an übermittelten Informationen als gewünscht dar. Anders als beispielsweise in einer telefonischen Befragung hat der/die Interviewende einen direkten Kontakt zu dem/der Gesprächspartner/-in, „sieht [...] deren nonverbale Reaktionen wie Gestik und Mimik, kann dies entsprechend interpretieren und sein eigenes Verhalten danach ausrichten"[43]. Dadurch vereinfacht sich die Gesprächsführung und ermöglicht entsprechende Rückfragen an passender Stelle.

Der erarbeitete Leitfaden gliedert sich in sieben Phasen, welche den grundsätzlichen Rahmen des Gesprächsverlaufs darstellen sollen – Abweichungen hiervon sind jedoch jederzeit möglich. Hierzu wurden Leitfragen konzipiert, welche primär dazu dienen, einen Gesprächsanreiz zu setzen.[44] Das Konstrukt des Leitfadens soll dabei gemäß Literatur möglichst kurz gehalten werden, um einen starren Gesprächsablauf zu verhindern und unerwartete Erkenntnisse zu ermöglichen.[45] Zudem besteht grundsätzlich die Möglichkeit, Rückfragen zu stellen, welche sich durch den individuellen Gesprächsablauf ergeben und nicht innerhalb des Leitfadens im Vorhinein festgelegt wurden.[46] Die Phasen des Leitfadens lassen sich in Abb. 4.1 erkennen.

4.4   Auswertung der erhobenen Daten

Bei der Auswertung von qualitativen Forschungen stehen eine Vielzahl von Systemen bereit, welche jedoch grundsätzlich individuelle Forschungsziele und -zwecke verfolgen.[47] Im vorliegenden Fall kann dem Experteninterview grundsätzlich ein Informationszweck zugeordnet werden, wodurch sich die *qualitative Inhaltsanalyse* als Mittel der Wahl herausstellt.[48] Weitergehend lässt sich hierbei zwischen verschiedenen Vorgehensweisen unterscheiden. Während bei der *strukturierenden qualitativen Inhaltsanalyse* Texte durch Kategorien beispielsweise

---

[42] Vgl. Kirchmair [2022], S. 15.
[43] Kirchmair [2022], S. 15.
[44] Vgl. Bogner et al. [2014], S. 29.
[45] Vgl. ebd.
[46] Vgl. ebd.
[47] Vgl. Bogner et al. [2014], S. 72.
[48] Vgl. Bogner et al. [2014], S. 72.

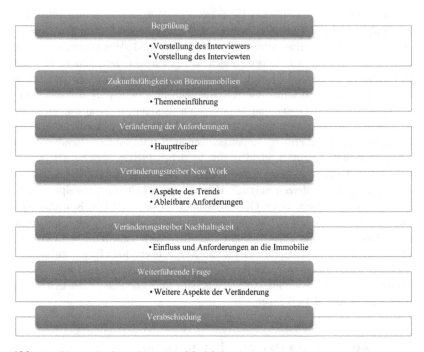

Abb. 4.1 Phasen des Interviews gemäß Leitfaden

numerisch darstellbar gemacht werden, wird in einer *explizierenden qualitativen Inhaltsanalyse* versucht, unverständliche Textelemente zu erläutern.[49]

Bei der *zusammenfassenden qualitativen Inhaltsanalyse* hingegen, welche in dieser Forschung angewandt wird, werden Texte auf ihre Kerninhalte reduziert.[50] Hierdurch lassen sich im Anschluss induktiv Kategorien bilden, die sinnhaft übereinstimmende Aussagen bündeln können und dadurch vergleichbar machen.[51] Dies geschieht in vier Arbeitsschritten, in denen zunächst die Aussagen des/der Befragten paraphrasiert werden, indem alle nicht notwendigen Bestandteile des Textes gestrichen werden.[52] Es sind somit „die inhaltstragenden Textstellen auf

---

[49] Vgl. Bogner et al. [2014], S. 542.

[50] Vgl. Mayring [2015], S. 68.

[51] Vgl. ebd.

[52] Vgl. Mayring [2015], S. 72.

eine einheitliche Sprachebene"[53] zu bringen. Als zweiter Schritt folgt eine Generalisierung auf das Abstraktionsniveau, indem Codes erstellt werden, denen die Paraphrasen zugeordnet werden können.[54] Hierbei spielt die Häufigkeit des Auftretens eines Begriffs oder einer Aussage keine Rolle – von Relevanz ist vielmehr der Sinnzusammenhang und Inhalt.[55] Es folgen als Schritt drei und vier Reduktionen auf zwei Ebenen, welche in erster Instanz eine Ausselektion hinsichtlich doppelter oder irrelevanter Paraphrasen vornimmt und zweitens eine Bündelung der Hauptaussagen vorsehen.[56] Gemäß *Steffen und Doppler* ergibt sich daraus „die zentrale Aussage, die aus allen Interviews zu einem Punkt einmal festgehalten wird."[57]

Die ermittelten Codes stellen unter anderem die zu erforschenden Anforderungen an die Büroimmobilie dar. Bei der Auswertung steht dabei jedoch nicht das quantitativ messbare Vorkommen einer bestimmten Anforderung im Vordergrund. Vielmehr sollen die Aussagen der einzelnen Experten ganzheitlich betrachtet werden. Insbesondere durch die Zuordnung der Experten in verschiedene Interessengruppen können sich unterschiedliche Anforderungen ergeben, die nicht von allen Experten gleichermaßen geteilt werden. Die Ergebnisse werden im nachfolgenden Kap. 5 vorgestellt.

---

[53] Mayring [2015], S. 72.

[54] Vgl. ebd.

[55] Vgl. Steffen/Doppler [2019], S. 59.

[56] Vgl. Döring/Bortz [2016], S. 542.

[57] Steffen/Doppler [2019], S. 62.

Ergebnisse 5

In diesem Kapitel steht die Präsentation der Ergebnisse der Experteninterviews im Mittelpunkt der Betrachtung. Diese Ergebnisse sollen genutzt werden, um die zentrale Forschungsfrage zu beantworten und das Forschungsziel zu erreichen. Hierzu wird auf die spezifischen Befunde eingegangen und die Erkenntnisse durch direkte Zitate der einzelnen Experten dargestellt. Die unterschiedlichen Interessengruppen sollen dabei jedoch nicht zwingend scharf differenziert werden. Vielmehr soll gemäß des angedachten Forschungsdesigns – durch die Expertenaussagen aus verschiedenen Blickwinkeln – ein ganzheitliches Bild erreicht werden. Einleitend soll in erster Instanz und im Hinblick auf das Forschungsziel geklärt werden, inwiefern sich der Einfluss der Veränderungstreiber New Work und Nachhaltigkeit auf die Büroimmobilie äußert. Darauffolgend werden die – ebenfalls aus den Experteninterviews abgeleiteten – Anforderungen präsentiert. Die nachstehende Tab. 5.1 zeigt die induktiv ermittelten Kategorien, welche nachfolgend unter Zuhilfenahme aussagekräftiger Zitate aus den Experteninterviews näher erläutert werden.

5.1 Allgemeiner Einfluss von New Work und Nachhaltigkeit

In diesem Teil der Darstellung wird auf die Ergebnisse in Bezug auf allgemeine Einflüsse – hier im Besonderen die Änderung der allgemeinen Relevanz der Assetklasse Büro – eingegangen. Die Experten/-innen 1, 3 und 5 waren

Tab. 5.1 Induktiv ermittelte Kategorien aus der zusammenfassenden qualitativen Inhaltsanalyse nach Mayring

Allgemeiner Einfluss von New Work und Nachhaltigkeit	
Änderung der allgemeinen Relevanz der Assetklasse Büro	
Veränderung der Flächenbedarfe	
Veränderungen durch alternative Arbeitsorte	
Änderung der Anforderungen	
Unternehmensabhängigkeit der Anforderungen	
Anforderungen durch New Work	**Anforderungen durch Nachhaltigkeit**
Konzeption als Ort des Zusammentreffens	Geringe Betriebskosten
Konzeption als Ort des Wohlfühlens	Nachhaltigkeitszertifizierung
Flexibilität der Flächen	Wahrnehmbarkeit der Nachhaltigkeit
Berücksichtigung von Sozialflächen	Flächeneffizienz
Büro als Instrument der Unternehmensidentität und Arbeitgeberattraktivität	Berücksichtigung des Gesamtlebenszyklus der Bürofläche

sich dabei – über die unterschiedlichen Interessengruppen hinweg – über den grundsätzlichen, zukünftigen Fortbestand der Assetklasse Büro einig.

„[…] also ich denke weiterhin in Zukunft gibt es auf jeden Fall eine große Nachfrage. Also meiner Meinung nach werden die Mieten jetzt auch noch Stück für Stück weiter steigen. Viele sind ja indexiert. Von dem her denke ich, dass das Interesse aus Investmentsicht an Büroimmobilien da bleiben wird."[1]

„Ich sage ganz ehrlich, ich gehe weiterhin davon aus, dass wir einen relativ hohen Bedarf an Büroflächen haben."[2]

„Ich glaube schon, dass Büros weiter Bestand haben werden. Sicherlich gibt es auch Organisationsformen, die gänzlich auf einen gemeinsamen Ort verzichten, aber […] zumindest die Kundenlandschaft, die ich vertrete, die wir kennen: Große Unternehmen, mittelgroße, kommen und werden nicht ohne einen gemeinsamen Treffpunkt auskommen."[3]

---

[1] Meier [2022a], Interview vom 24.06.2022.

[2] Meier [2022c], Interview vom 17.06.2022.

[3] Meier [2022e], Interview vom 24.06.2022.

Andererseits konnte aus Maklersichtweise des Experten/der Expertin 7 ein teilweiser Rückgang der Nachfrage an bestimmten Flächen verzeichnet werden.

„Das hat natürlich einen großen Einfluss auch auf die Büroimmobilien in den letzten zwei, drei Jahren gehabt und da merken wir schon sehr große Veränderungen - beziehungsweise auch ein Stück weit einen Rückgang von den großen Büroflächen.“[4]

Analog konnte aus Nutzersicht des Experten/der Expertin 4 festgestellt werden, dass Flächenbedarfe aufgrund veränderter Arbeitsprozesse reduziert wurden.

„Also grundsätzlich durch die Option von Homeoffice, Telearbeit, Remote Arbeit, je nachdem welchen rechtlichen Begriff man wählen möchte, ist es so, dass die Auslastung eines Büros nicht mehr bei hundert Prozent sein muss. Also, dass die Kapazität des Gebäudes nicht jeden Mitarbeiter beherbergen muss, weil einfach ein Trend in die Richtung, auch durch Corona angekurbelt, zu vernehmen ist, dass immer mehr Leute gerne auch remote arbeiten wollen. Das heißt, Gebäude können in [ihrer] Größe schrumpfen, also kleiner werden.“[5]

Grundsätzlich ist die Lage ein wichtiges Kriterium für Büroimmobilien. So sah Experte/-in 3 die Lage als wichtige Anforderung für das Büro.

„Da ist [...] bei Büroimmobilien die Lage ein extremer Faktor. Die ist natürlich auch ganz hoch aufgehängt.“[6]

Innerhalb der Experteninterviews konnte jedoch auch gezeigt werden, dass sie im Hinblick auf Veränderungstrends und Zukunftsfähigkeit eine entscheidende Rolle spielt. Experte/-in 1 sagte demnach aus, dass die Lage darüber entscheidet, wie zukunftsfähig die Nachfrage nach der jeweiligen Büroimmobilie ist.

„Was jetzt, [...] wenn es um die Zukunftsfähigkeit geht, entscheidend ist, [...] wird natürlich die Lage sein. Das heißt dann, wenn [...] die Nachfrage nachlassen sollte, je nachdem, wird natürlich die Topimmobilie in der Stadtmitte doch immer eher gut vermietet sein als in den Randlagen.“[7]

---

[4] Meier [2022 g], Interview vom 22.06.2022.
[5] Meier [2022d], Interview vom 24.06.2022.
[6] Meier [2022c], Interview vom 17.06.2022.
[7] Meier [2022a], Interview vom 24.06.2022.

5.1.1 Veränderung der Flächenbedarfe

Eine Verlagerung von Teilen der Arbeitsprozesse in alternative Arbeitsorte, wie
das Homeoffice, führt gemäß der Experten/-innen jedoch zu unterschiedlichen
Folgen für die Flächenbedarfe von Nutzern. Experte/-in 1 und 3 sahen hierbei
keine direkte Verringerung der Flächenbedarfe.

> „Die Büroauslastung geht um 40% zurück, waren ja die ersten Infos. Manche sagen,
> sie steigen trotzdem weiter an. Aber meine Einschätzung ist momentan von den Mie-
> tern, die wir haben, dass sie eigentlich kaum Flächen verkleinern, sondern, dass vor
> allem die kleinen Unternehmen schnell wieder ihre Leute zurück ins Büro wollen."[8]

> „Also ich gehe [...] davon aus, dass [...] durch Corona natürlich ja auch andere
> Anforderungen an Büroflächen da sind, dass es sich ja nicht unbedingt reduzieren
> muss, weil du natürlich auch Platz schaffen willst, dass die Leute und Kunden genug
> Abstand haben können."[9]

Experte/-in 4 hingegen sah jedoch die Potentiale in der Flächenreduktion.

> „Je fortschrittlicher ein Unternehmen ist, desto weniger kann es sich dieser Entwick-
> lung entziehen. Und das Unternehmen kann gleichermaßen aber auch von dieser
> Entwicklung, einen Vorteil [...] ziehen. Einfach dadurch, dass weniger Fläche bedeu-
> tet weniger Miete, sollte man Mieter sein. Weniger Mitarbeiter vor Ort kann aber auch
> bedeuten, man muss ein neues Gebäude nicht überdimensionieren."[10]

Experte/-in 2 und Experte/-in 7 sahen ebenfalls Verringerungen der Fläche als
Folge vermehrter Homeoffice-Tätigkeit.[11]

5.1.2 Veränderungen durch alternative Arbeitsorte

Bereits in einem vorangegangenen Teil des Buches wurde auf die Konkurrenz
durch alternative Arbeitsorte – insbesondere durch das Homeoffice – eingegangen. Auch die Experten/-innen stimmten überein, dass dies zu Veränderungen

---

[8] Meier [2022a], Interview vom 24.06.2022.

[9] Meier [2022c], Interview vom 17.06.2022.

[10] Meier [2022d], Interview vom 24.06.2022.

[11] Vgl. Meier [2022g], Interview vom 22.06.2022; vgl. Meier [2022b], Interview vom
28.06.2022.

hinsichtlich der Bürotätigkeit führt.[12] Beispielhaft lässt sich dies an der Aussage des/der Experte/-in 4 erkennen.

„Vor Corona war es fortschrittlich, wenn 70 % vor Ort und 30 % remote gearbeitet haben. Durch Corona könnte es eher zu einer Verlagerung in Richtung Fifty-Fifty gekommen sein, mit einer weiteren Entwicklung... Man muss sich einfach die Frage stellen: Wozu komme ich ins Büro und nicht mehr wie oft, sondern welche Prozesse in der Firma bedingen quasi eine physische Anwesenheit vor Ort?"[13]

Experte/-in 5 spezifizierte diese Frage näher und beleuchtete, dass einfache Einzeltätigkeiten auch von zu Hause aus erledigt werden können. Kreative, soziale und gemeinschaftliche Arbeiten finden jedoch weiterhin in der Bürofläche statt.

„Das, was ich daheim am Küchentisch tun kann, tue ich vielleicht auch zu Hause. Aber Dinge, die ich nicht zuhause am Küchentisch tun kann, nämlich mit anderen Menschen persönlich zusammenarbeiten, netzwerken, Ideen finden, Gespür, Identität, Bauchgefühl [...] entwickeln, wo sich einfach die Leute treffen [...] das wird an einem Treffpunkt - nennen wir ihn weiterhin Büro - stattfinden."[14]

Auch Experte/-in 7 zeigte auf, dass einige Prozesse und Begebenheiten lediglich durch eine gemeinschaftliche, physische Anwesenheit im Büro entstehen können.

„Also natürlich: Wir werden davon nicht mehr wegkommen, [...] dieses Homeoffice hat sich etabliert, wird auch bleiben. Zu viele haben daran auch Gefallen gefunden: Mitarbeiter, die in diesem Bereich tätig sind. Nichtsdestotrotz ist und bleibt im Büro wahnsinnig vieles: ein großes Knowhow beziehungsweise, es wird oft vergessen, ein Flurfunk zum Beispiel."[15]

---

[12] Vgl. Meier [2022d], Interview vom 24.06.2022; vgl. Meier [2022e], Interview vom 24.06.2022; vgl. Meier [2022g], Interview vom 22.06.2022.

[13] Meier [2022d], Interview vom 24.06.2022.

[14] Meier [2022e], Interview vom 24.06.2022.

[15] Meier [2022 g], Interview vom 22.06.2022.

5.1.3 Änderung der Anforderungen an eine Büroimmobilie

Laufende Veränderungsprozesse bringen im Allgemeinen neue Anforderungen mit sich. Dies wurde auch von den Experten/-innen erkannt. Experte/-in 5 beispielsweise äußerte, dass sich Anforderungen an Büroimmobilien stetig ändern und unterschiedlichste Bereiche betreffen.

> „Richtig ist sicher, dass die Anforderungen an Büros sich ändern, sich ändern werden, weil sie anders genutzt werden als, sage ich mal, die Büros Ihrer Elterngeneration. Ich glaube, da wird eine deutlich andere Nutzung, das ist ja jetzt schon spürbar, sein. Dadurch leiten sich andere Anforderungen an Büroimmobilien ab. Das kann aus meiner Sicht vom Standort bis zur Ausgestaltung alles sein, aber auch Richtung Funktionalitäten und deswegen zukunftsfähig: Ja, aber eine Veränderung! Also ein Weiter-so wie vor fünf oder acht Jahren, das, glaube ich, wird es nicht geben, weil die Anforderungen andere sind."[16]

Gemäß Experten/-in 6 ist eine Veränderung spürbar, bei der sich – gerade jetzt – eine Betrachtung lohnt.

> „Ich finde es sehr spannend, jetzt ist der perfekte Punkt, um das eben auch mal alles zu beobachten, was sich verändern kann und was sich verändern wird - Das wird auch in Zukunft auf jeden Fall mehr kommen."[17]

5.1.4 Unternehmensabhängigkeit der Anforderungen

Wie bereits eingangs in der theoretischen Erarbeitung angemerkt wurde, differieren Anforderungen branchen- und unternehmensspezifisch. Auch der/die Experte/-in 3 bestätigte dies in seiner/ihrer Aussage, insbesondere in Bezug auf Anforderungen, die sich aus New Work ergeben.

> „Das würde ich auch sagen, ist auch extrem unternehmensabhängig. Es gibt natürlich die Unternehmen, die eher konservativ unterwegs sind, wie Versicherungen [...] oder eben große Immobilienunternehmen [...] oder generell auch Banken [...]. Die sind ja eher konservativ unterwegs und ich glaube, da gibt es jetzt erstmal so ein leichtes Umdenken."[18]

---

[16] Meier [2022e], Interview vom 24.06.2022.

[17] Meier [2022 f.], Interview vom 24.06.2022.

[18] Meier [2022c], Interview vom 17.06.2022.

Experte/-in 4 stimmte dem zu. Die Definition von Zukunftsfähigkeit ist unternehmensabhängig.

> „Das kommt ganz auf das Unternehmen an und auf die Aufgaben, die dem Unternehmen [...] gestellt werden."[19]

Dennoch ließen sich entsprechend der Forschungsfrage einige universelle Anforderungen an Büroimmobilien ableiten, welche größtenteils branchen- und unternehmensunabhängig auf alle Flächen zutreffen. Diese werden in den folgenden Kapiteln dargestellt.

5.2 Anforderungen durch New Work

Die Ausführungen in diesen Unterkapiteln widmen sich der dieser Publikation zugrunde liegenden Forschungsfrage und beziehen sich bei der Ergebnisdarstellung der Anforderungen auf den Aspekt der New Work. Die Experten/-innen waren sich grundsätzlich über die Relevanz und die anhaltende Strahlkraft von New Work als Bewegung einig. Experte/-in 5 beispielsweise sah die Änderung der Arbeitsweise als fortwährenden, laufenden Prozess an, der sich jedoch in der letzten Zeit intensivierte.[20] Experte/-in 2 erklärte, dass New Work als Sinnhaftigkeit des Arbeitens und eine Harmonie aus Raum, Technologie und Mensch verstanden werden kann, die grundsätzlich fortwährend besteht.[21] Zudem hat er/sie angemerkt, dass der Anpassungsbedarf hoch ist.

> „Aber ich glaube, dass wir in den letzten Jahren ein bisschen übersehen haben, wie schnell das Ganze geht. Wir sind in Deutschland auch sehr lahm und sehr [...] veränderungsresistent. Und alleine, wenn man sich mal anschaut, dass die Arbeitsstättenrichtlinien immer noch ausgelegt sind auf Abstandsflächen und Tischgrößen, die von Röhrenmonitoren her zeugen und da sieht man dann auch mal, wie groß Tische sein müssen, um den Abstand von einem Röhrenmonitor zum Arbeitsplatz zu haben. Das sind so Sachen, da sind wir einfach nicht schnell und da sind viele Sachen einfach noch nicht mit der Technologie mitgegangen oder mit dem Bedürfnis mitgegangen. Und ich glaube, das ist [...] eine der verheerenden Geschichten."[22]

---

[19] Meier [2022d], Interview vom 24.06.2022.

[20] Vgl. Meier [2022e], Interview vom 24.06.2022.

[21] Vgl. Meier [2022b], Interview vom 28.06.2022.

[22] Meier [2022b], Interview vom 28.06.2022.

5.2.1 Konzeption als Ort des Zusammentreffens

Experte/-in 4 zeigte auf, dass sich die Arbeit im Allgemeinen verändert, wodurch die Relevanz von Kommunikation steigt. Die Büroimmobilie muss dem standhalten, indem sie Kreativität und Austausch fördert.[23] Auch Experte/-in 1 sah soziale Kontakte in den Vordergrund rücken, was die Führung des Unternehmens auch als wünschenswert ansieht.[24] Auch Experte/-in 3 stimmte diesen Aussagen zu.[25] Büroflächen müssen demnach entsprechend konzipiert und ausgelegt werden.

> „Also dahingehend hat es schon einen Wandel gegeben, denn die Arbeit ist von einer reinen Reproduktionstätigkeit zu einer problemlösenden Tätigkeit gegangen. Kommunikation wird zunehmend asynchron. Das heißt, Zeitpunkt der Arbeit und Überlappungen der Nachrichten sind nicht immer unmittelbar. Der Austausch ist wichtig. Kommunikation ist wichtig, aber das Büro selbst ist kein Ort mehr, wo reine Arbeit geleistet wird, sondern das ist eher ein Ort der Zusammenkunft, Kulturträger und hat ebenso [...] „Lagerfeuer-Charakter", dass die Leute da zusammenkommen können, sich austauschen können und eben kreativ sein können. Und nicht mehr nur noch von morgens bis abends am Schreibtisch sitzen."[26]

5.2.2 Konzeption als Ort des Wohlfühlens

Es ließ sich auch im Aspekt der gestalterischen und atmosphärischen Konzeption einer Bürofläche ein Konsens unter den Experten/-innen feststellen. Experte/-in 1 brachte hierzu ein Fallbeispiel über derartige Anstrengungen aus dem eigenen Unternehmen.[27] Auch Experte/-in 6 definierte New Work, indem sie die Anforderung feststellte, dass der Wohlfühlfaktor einer Bürofläche beachtet werden muss.

> „New Work ist für mich auch sich wohlfühlen, also sich wohlfühlen im Büro. Das ist ja auch nicht immer gängig gewesen."[28]

Entsprechend stimmte auch Experte/-in 4 zu.

---

[23] Vgl. Meier [2022d], Interview vom 24.06.2022.

[24] Vgl. Meier [2022a], Interview vom 24.06.2022.

[25] Vgl. Meier [2022c], Interview vom 17.06.2022.

[26] Meier [2022d], Interview vom 24.06.2022.

[27] Vgl. Meier [2022a], Interview vom 24.06.2022.

[28] Meier [2022 f.], Interview vom 24.06.2022.

„Also der Mensch muss sich im Raum wohlfühlen. Das ist das A und O bei einer Immobilie und bei Architektur, das sollte der Gedanke dahinter sein."[29]

5.2.3 Flexibilität der Flächen

Im Gegensatz zu den unterschiedlichen Auffassungen der Experten/-innen hinsichtlich der Reduktion der Gesamtflächen, ließ sich ein Einvernehmen über die Anforderung der Flexibilität feststellen. Experte/-in 1 sagte so beispielsweise aus, dass sich Flächenbedarfe zwar nicht reduzieren, aber die Büroimmobilie flexibel an die gewünschte Nutzung anpassbar sein muss.[30] Auch Experte/-in 3 nannte diese Anforderung, indem er/sie den Bedarf an Anpassungsfähigkeit gegenüber sich verändernden Trends aufzeigte.[31] Die Anforderung wurde jedoch auch auf die Bedürfnisse der Nutzer zurückgeführt.

„Generell zukunftsfähig bedeutet für mich, dass es eine anpassungsfähige Immobilie ist, die resilient gegenüber vielen Störfaktoren ist, die eintreten können. Zukunftsfähig? Flexibel, würde ich sagen, muss sie sein in Punkto: Was sind die Anforderungen der Nutzerbedürfnisse, was das Arbeitsprofil betrifft? Das bedeutet: Brauche ich eine Zelle, brauche ich einen Multispace, brauche ich einen Großraum - was brauche ich da?"[32]

5.2.4 Berücksichtigung von Sozialflächen

Gemäß Experte/-in 4 führt eine Veränderung der Arbeitsweise zu anderen Anforderungen an die Bürofläche. Hierdurch werden – anstelle reiner Schreibtischflächen – mehr Sozialflächen benötigt.

„Der Anspruch für ein Gebäude ist ein anderer. Wie eben erwähnt ist es eher so, dass Kultur über Gebäude gestärkt werden muss, also die Zusammenkunft für den kreativen Austausch. Die Art und Weise, wie gearbeitet wird, geht eher Richtung Problemlösung, das heißt Kommunikation ist ein immer wichtiger werdender Aspekt in

---

[29] Meier [2022d], Interview vom 24.06.2022.

[30] Vgl. Meier [2022a], Interview vom 24.06.2022.

[31] Vgl. Meier [2022c], Interview vom 17.06.2022.

[32] Meier [2022b], Interview vom 28.06.2022.

der Büroraumplanung. Das heißt, man braucht Begegnungsflächen, Sozialflächen und nicht mehr nur noch Schreibtischarbeitsflächen."[33]

Zudem merkte Experte/-in 2 an, dass die Harmonie zwischen Arbeitsalltag und Privatem durch zusätzliche Angebote und Sozialflächen verbessert werden soll.

> „Aber zunehmend eben auch komplementäre Nutzungen, wie [...] Gastronomie, wie [...] Sport, [...] um [...] aus einem reinen Arbeitstag diesen Work-Life-Blend hinzubekommen."[34]

5.2.5 Büro als Instrument der Unternehmensidentität und Arbeitgeberattraktivität

In diesem Punkt lässt sich eine hohe Übereinstimmung der Expertenansichten erkennen. In den Interviews ließ sich differenzieren, dass das Büro zum einen als Werkzeug zur Akquisition neuer Fachkräfte, als auch zur Identifikation bestehender Mitarbeiter mit dem jeweiligen Unternehmen dienen soll.[35] Die Nutzeranforderungen verändern sich dahingehend, dass das Büro ein attraktiver Ort der Begegnung sein soll, der Identität stiftet und kreatives und kommunikatives Arbeiten ermöglicht.[36]

> „Ja und wenn ich die [Mitarbeitenden] nicht zurückhole in den Second Place [der Begriff wird synonym mit dem Büro verwendet; Anm. d. Autoren] [...] dann wissen wir ja alle oder dann vermuten wir ja zumindest alle, was die Kultur, was die Bindung zum Unternehmen, was die Verbundenheit zum Produkt, was die Leidenschaft, was den Austausch mit den Kollegen betrifft - wird sehr darunter leiden, wenn ich alles im Home-Office mache. Deswegen ist das schon einer der wichtigsten Punkte, glaube ich."[37]

---

[33] Meier [2022d], Interview vom 24.06.2022.

[34] Meier [2022b], Interview vom 28.06.2022.

[35] Vgl. Meier [2022a], Interview vom 24.06.2022; vgl. Meier [2022f], Interview vom 24.06.2022; vgl. Meier [2022d], Interview vom 24.06.2022.

[36] Vgl. Meier [2022e], Interview vom 24.06.2022.

[37] Meier [2022b], Interview vom 28.06.2022.

5.3 Anforderungen durch Nachhaltigkeit

Die eingangs vorgestellte Forschungsfrage berücksichtigt neben New Work auch den Aspekt der Nachhaltigkeit. In den hiesigen Unterkapiteln wird nun speziell auf die aus den Experteninterviews gewonnenen Erkenntnisse zu Anforderungen durch die Nachhaltigkeit eingegangen. Die Experteninterviews zeigten eine hohe Relevanz und Präsenz von Nachhaltigkeitsbestrebungen – sowohl aus Nutzer- als auch Investoren- und Maklersichtweise.

„Man darf gar nicht mehr losgelöst von Nachhaltigkeit denken."[38]

„Ich sage mal, die höchste Priorität, die man überhaupt beim Suchen hat, ist ein nachhaltiges Objekt für das Unternehmen [zu finden] und es nimmt auch immer mehr Fahrt auf."[39]

„Aber, was einer der wichtigsten Punkte ist, ist der Punkt Nachhaltigkeit, dass man natürlich jetzt sagen muss: Ist diese Immobilie zukünftig noch nachhaltig?"[40]

Getrieben werden Nachhaltigkeitsbestrebungen aus Expertensicht im besonderen Maße durch gesetzliche Regulatorien und Unternehmensvorgaben.[41] Experte/-in 4 sagte darüber hinaus aus, dass die jüngsten Ereignisse des Ukraine-Kriegs in Zukunft weitergehend zu einem Umdenken führen.[42] Auch Experte/-in 3 und Experte/-in 7 sahen hier weitere Folgen.[43]

„Also durch die Ressourcenknappheit, die durch den Krieg entsteht, durch die Rückführung von Gaszufuhr, durch einen gewissen Energiebedarf, der gar nicht mehr auf jede Art und Weise gedeckt werden kann, muss schon reagiert werden. Nur folgt die Reaktion meistens zeitversetzt zum Ereignis und ich denke, es wird einen Umdenkprozess zur Folge haben. Das bedeutet aber [...] nicht, dass jetzt schon Änderungen etabliert werden konnten."[44]

---

[38] Meier [2022d], Interview vom 24.06.2022.

[39] Meier [2022 f.], Interview vom 24.06.2022.

[40] Meier [2022b], Interview vom 28.06.2022.

[41] Vgl. Meier [2022e], Interview vom 24.06.2022; vgl. Meier [2022d], Interview vom 24.06.2022; vgl. Meier [2022b], Interview vom 28.06.2022; vgl. Meier [2022c], Interview vom 17.06.2022.

[42] Vgl. Meier [2022d], Interview vom 24.06.2022.

[43] Vgl. Meier [2022c], Interview vom 17.06.2022; vgl. Meier [2022g], Interview vom 22.06.2022.

[44] Meier [2022d], Interview vom 24.06.2022.

5.3.1　Geringe Betriebskosten

Bei der Nachhaltigkeitsbewertung nehmen gemäß Experte/-in 1 vor allen Dingen messbare Aspekte, wie der Energieverbrauch oder CO_2-Austoß eine entscheidende Rolle ein.[45] Geringe Betriebskosten stellten dabei aus unterschiedlicher Interessenslage eine ökonomisch nachhaltige Anforderung an die Büroimmobilie dar. Experte/-in 1 beschrieb dies entsprechend.

„Ja, wenn ich meinen Energieausstoß verringere im Objekt, dann zahlt der Mieter – das ist ja komplett umlegbar in Deutschland – [...] weniger Nebenkosten. Im Endeffekt heißt es für mich, ich kann die Miete, die Nettomiete, höher ansetzen, sodass mein Ertrag als Eigentümer bei der gleichen Mietbelastungen für den Mieter höher ist.“[46]

Auch Experte/-in 3 und Experte/-in 5 nannten diesen Aspekt als Anforderung.[47]

„Naja, wenn man jetzt den Nutzer als nutzende Organisation betrachtet, die wiederum betriebswirtschaftlich denkt, bin ich auch interessiert daran, dass natürlich [...] die Nebenkosten, Verbrauchskosten gering sind. Das ist eine ganz, ganz nüchterne, betriebswirtschaftliche Überlegung.“[48]

„Und genau deswegen ist das ja auch bei uns so, dass wir auch bei unseren Immobilien immer schauen, wie können wir [...] den Verbrauch anpassen und ressourcenschonend arbeiten, um die Nebenkosten zu reduzieren.“[49]

5.3.2　Nachhaltigkeitszertifizierung

Im Rahmen der Interviews konnte festgestellt werden, dass eine Nachhaltigkeitszertifizierung von den Experten/-innen als wichtige Anforderung im Hinblick auf die Zukunftsfähigkeit wahrgenommen wird. Hierbei seien es insbesondere große Unternehmen, welche diese Zertifikate als Kriterium bei der Anmietung nachfragen.

---

[45] Vgl. Meier [2022a], Interview vom 24.06.2022.

[46] Meier [2022a], Interview vom 24.06.2022.

[47] Vgl. Meier [2022c], Interview vom 17.06.2022; vgl. Meier [2022e], Interview vom 24.06.2022.

[48] Meier [2022e], Interview vom 24.06.2022.

[49] Meier [2022c], Interview vom 17.06.2022.

„Die DGNB-Zertifizierung oder ähnliche Zertifikate werden ja immer mehr gefragt – vor allem von Konzernen."[50]

„Das ist natürlich [...] auch eine große Anforderung bei relativ großen Unternehmen. Auch was Zertifizierung betrifft et cetera. Das ist natürlich jetzt sehr entscheidend [...] für die Anmietung."[51]

Derartige Nachhaltigkeitszertifizierungen bilden dabei eine spezielle Anforderung, welche jedoch im nächsten Punkt weitergefasst betrachtet wird.

5.3.3 Wahrnehmbarkeit der Nachhaltigkeit

Experte/-in 1 gab innerhalb des Interviews an, dass die Nachhaltigkeitskriterien des Gebäudes nach außen hin erkennbar und wahrnehmbar sein sollen.

„Dann gibt es natürlich auch nicht nur das Lagekriterium, sondern eben auch bei großen Firmen [...] dieses nach außen hin werben mit einem grünen Objekt, dass man [...] in einem nachhaltigen Objekt sitzt [...]. Und ich denke, dass das Nachhaltigkeitsthema und ESG-Thema auf jeden Fall immer wichtiger wird. Ich denke, umso größer das Unternehmen, um so wichtiger."[52]

Auch Experte/-in 4 traf eine Aussage zur Außenwahrnehmung der Nachhaltigkeit von Büroimmobilien.

„Also Nachhaltigkeit kann Aushängeschild für Firmen sein und das ist auch im Interesse aller, dass es das ist."[53]

5.3.4 Flächeneffizienz

Einige der Experten/-innen machten darüber hinaus Aussagen über die effiziente Nutzung der Bürofläche. Hierbei wurden insbesondere mögliche Kosteneinsparungen und Ressourcenschonungen durch einen effizienten Umgang mit der

---

[50] Meier [2022 f.], Interview vom 24.06.2022.

[51] Meier [2022c], Interview vom 17.06.2022.

[52] Meier [2022a], Interview vom 24.06.2022.

[53] Meier [2022d], Interview vom 24.06.2022.

Bürofläche genannt.[54] Die Flächennutzung muss gemäß Experten/-in 4 an das spezifische Unternehmen angepasst werden.[55]

> „Effiziente Nutzung ist das A und O. Also man kann natürlich einen überdimensionalen Palast für seine Mitarbeiter bauen, wenn die Auslastung aber nie über 20–30 % geht, dann hat man im Endeffekt viel Fläche, die die Energie schluckt, die Kosten schluckt. Das ist gar nicht im Sinne der Nachhaltigkeit so zu denken, sondern man sollte in etwa antizipieren können, wie die Unternehmenskultur ist."[56]

Auch Experte/-in 2 nannte diese Anforderung an eine zukunftsfähige Bürofläche und bringt diese in einen weiteren Zusammenhang.

> „Ich glaube generell, worüber man sich Gedanken machen muss, ist einfach ein nachhaltiger Umgang mit Raum, Mensch und Energie. Nachhaltig Manpower zu verbrennen oder Ressourcen zu verbrennen, das führt dazu, dass du keine Mitarbeiter gewinnst und dass die guten Mitarbeiter abwandern und damit wird kein Unternehmen weiterkommen. Nachhaltig mit Raum umgehen: Jeder beschwert sich über Mietpreise und über mangelnde Flächen, gleichzeitig stehen 60 % jeder Büroimmobilie leer, weil sie eben nicht gut genutzt ist. Also mache ich mir Gedanken, was ich überhaupt brauche und wie ich es brauche und [dann] kann ich mir eine wesentlich hochpreisigere, bessere Fläche anmieten, aber dafür ein bisschen weniger [Fläche] – die […] gut ausgelastet [ist] – das ist nachhaltiger Umgang mit Raum."[57]

Experte/-in 5 forderte ebenfalls eine effiziente Nutzung der Bürofläche, indem lediglich die Flächen entstehen sollen, die sich als nicht entbehrlich für die Nutzung darstellen.[58]

5.3.5 Berücksichtigung des Gesamtlebenszyklus der Bürofläche

Auch in diesem Punkt ließ sich ein Konsens zwischen den Befragten feststellen. Die Ausprägungen der Antworten, die sich dieser Kategorie zuordnen ließen, differierten jedoch inhaltlich. Experte/-in 7 forderte dabei, dass bedacht werden soll,

---

[54] Vgl. Meier [2022b], Interview vom 28.06.2022; vgl. Meier [2022d], Interview vom 24.06.2022.

[55] Vgl. Meier [2022d], Interview vom 24.06.2022.

[56] Meier [2022d], Interview vom 24.06.2022.

[57] Meier [2022b], Interview vom 28.06.2022.

[58] Vgl. Meier [2022e], Interview vom 24.06.2022.

wie bereits bei der Errichtung die Möglichkeit einer Umnutzung der Büroimmobilie in eine Wohnimmobilie berücksichtigt werden kann.[59] Auch Experte/ -in 5 stellte dabei die Berücksichtigung einer möglichen Nutzungsänderung der Immobilie als Anforderung dar.

> „Wie können Büroimmobilien auch insbesondere auf eine über Generationen hinweg veränderte Nutzung [...] genutzt werden? Jetzt gehe ich nicht so weit, dass ich sage: Naja, ein Gebäude, das neu entstehen soll, soll sowohl Wohnen als auch Bürotätigkeit ermöglichen. Nicht so ganz einfach aus meiner Sicht. Aber klar ist es aus meiner Sicht, dass man, wenn neue Gebäude entstehen, verschiedene Nutzungsarten denken muss. Und nicht sagen muss: Naja jetzt haben wir ein Bürogebäude geplant und [es] ist kein Bedarf mehr an Büros in 20 Jahren, was machen wir dann? Wir können es nur platt machen. Dann muss es eigentlich geeignet sein, um andere Nutzungen dort zu beherbergen."[60]

In diesem Punkt sah auch Experte/-in 4 eine Chance im Hinblick auf die Nachhaltigkeit von Büroimmobilien.

> „Also ein Gebäude kann nicht für alles gut sein. Man kann einen Anwendungsfall geschaffen haben, der maximal variabel ist. Aber man kann Entwicklungen nur bis zu einem gewissen Grad auffangen. Deswegen, wenn man von Nachhaltigkeit sprechen möchte, dann wären reversible Gebäude, die zurückbaubar sind, natürlich ein schöner Gedanke, um einfach ein Gebäude zu schaffen, das immer wieder anpassbar ist, vielleicht auf Modulbauweise."[61]

Darüber hinaus verdeutlichte Experte/-in 1, dass sich der Lebenszyklusgedanke nicht nur auf das Bürogebäude an sich beziehen soll, sondern auch hinsichtlich des nutzerspezifischen Ausbaus auf eine Berücksichtigung der Nachnutzung geachtet werden soll.[62] Im folgenden Teil der Arbeit werden die hier beschriebenen Erkenntnisse diskutiert und zusammengefasst.

---

[59] Vgl. Meier [2022 g], Interview vom 22.06.2022.
[60] Meier [2022e], Interview vom 24.06.2022.
[61] Meier [2022d], Interview vom 24.06.2022.
[62] Vgl. Meier [2022a], Interview vom 24.06.2022.

Diskussion der Ergebnisse 6

Im Hinblick auf die eingangs formulierte Forschungsfrage wurde zunächst eine Betrachtung des Einflusses von New Work und Nachhaltigkeit auf die Büroimmobilie mithilfe einschlägiger Literatur vorgenommen. Die Forschungsziele waren, den allgemeinen Einfluss der Veränderungstreiber New Work und Nachhaltigkeit auf eine zukunftsfähige Büroimmobilie zu identifizieren und universelle Anforderungen zu bestimmen.

Hinsichtlich des allgemeinen Einflusses der Veränderungstreiber konnten einige Erkenntnisse generiert werden, welche in Teilen die Erwartungen aus der vorangestellten theoretischen Erarbeitung erfüllten. Zunächst lässt sich hier nennen, dass sich durchweg eine bestehende Relevanz der Assetklasse Büro feststellen ließ. Insbesondere bei der kontextual verbundenen Veränderung der Flächenbedarfe zeigte sich jedoch ein Dissens zwischen den Befragten. Innerhalb der Literatur ließ sich feststellen, dass gemäß *Stettes* und *Voigtländer* der Anteil der Befragten, welche Flächen reduzieren wollen, bei lediglich 6,4 % der Unternehmen liegt.[1] Während Experte/-in 1 und 3 jedoch keine direkte Verringerung der Flächenbedarfe sahen, machten Experte/-in 2 und Experte/-in 7 eine Verringerung als Folge vermehrter Homeoffice-Tätigkeit aus.[2] Auch Experte/-in 4 sah darin große Potentiale für Unternehmen.[3] Da Experten/-innen 1 und 3 im

---

[1] Vgl. Stettes/Voigtländer [2021], S. 2.

[2] Vgl. Meier [2022a], Interview vom 24.06.2022; vgl. Meier [2022c], Interview vom 17.06.2022; vgl. Meier [2022g], Interview vom 22.06.2022; vgl. Meier [2022b], Interview vom 28.06.2022.

[3] Vgl. Meier [2022d], Interview vom 24.06.2022.

T. Meier et al., *Die Zukunftsfähigkeit von Büroimmobilien*, Studien zum nachhaltigen Bauen und Wirtschaften, https://doi.org/10.1007/978-3-658-43296-6_6

Asset und Portfoliomanagement tätig sind und in dieser Forschung wie Experte/
-in 2 als Projektentwickler der Investorensichtweise zuzuordnen sind, lässt sich
dies nicht unmittelbar auf einen unterschiedlichen Interessensstandpunkt zurückführen. Es kann sich jedoch auch auf einen der nächsten Punkte zurückführen
lassen, die betrachtet wurden. Hierbei ließ sich eine Lageabhängigkeit des Einflusses der Veränderungstreiber erkennen.[4] Daraus ableitend ergibt sich, dass auch
der Anpassungsdruck in den Randlagen höher ist als in den Toplagen.

Im Hinblick auf Veränderungen durch alternative Arbeitsorte zeigte sich im
Allgemeinen ein einheitliches Bild, das auch in den Grundzügen im Einklang
mit der Literaturanalyse steht. Durchaus führt die Möglichkeit des ortsunabhän-
gigen Arbeitens aus Expertensicht zu einer Veränderung der Anforderungen.[5]
Im Gegensatz zu der theoretischen Erarbeitung fand hierbei jedoch keine
Kontextualisierung mit der Nachhaltigkeit statt.

Bei der Betrachtung der Anforderungen durch New Work ließ sich die Konzeption als Ort des Zusammentreffens aus den Experteninterviews ableiten. Dies
entspricht der Auffassung der Literatur. So ließ sich im theoretischen Teil der
Arbeit bereits gemäß des *Fraunhofer Instituts* feststellen, dass das Büro vorwiegend als Ort der Begegnung zu sehen ist.[6] Auch weitergehend erfüllten die
Aussagen vielfach die theoretisch implizierten Erwartungen. Beispielhaft lässt
sich dafür nennen, dass die Experten eine Berücksichtigung von Sozialflächen
forderten,[7] was wiederum mit der literaturbasierten Aussage einhergeht, dass
das Angebot der Bürofläche über das schlichte Bereitstellen einer Arbeitsfläche
hinausgehen sollte.[8]

Im Hinblick auf nachhaltigkeitsrelevante Anforderungen an die Büroimmobilie ließ sich jedoch, anders als eingangs theoretisch beleuchtet, oftmals keine
Gliederung in die unterschiedlichen Dimensionen der Nachhaltigkeit erkennen.[9] Hier standen insbesondere ökonomisch bedingte Anforderungen, aber auch
außenwirkungsrelevante Faktoren im Vordergrund.[10]

---

[4] Vgl. Meier [2022a], Interview vom 24.06.2022.

[5] Vgl. Meier [2022d], Interview vom 24.06.2022; vgl. Meier [2022e], Interview vom
24.06.2022; vgl. Meier [2022g], Interview vom 22.06.2022.

[6] Vgl. Dienes et al. [2022], S. 48.

[7] Vgl. Meier [2022d], Interview vom 24.06.2022; vgl. Meier [2022b], Interview vom
28.06.2022.

[8] Vgl. Jurecic et al. [2018], S. 52.

[9] Vgl. Holzbaur [2020], S. 2; vgl. Mumm [2016], S. 14; vgl. Alda/Hirschner [2016], S. 29;
vgl. Bundesministerium des Innern, für Bau und Heimat [2019], S. 15.

[10] Vgl. Meier [2022a], Interview vom 24.06.2022; vgl. Meier [2022c], Interview vom
17.06.2022; vgl. Meier [2022e], Interview vom 24.06.2022; vgl. Meier [2022d], Interview
vom 24.06.2022.

Zu diesem Aspekt äußerte sich im Interview auch Experte/-in 2:

„Also ich glaube am wenigstens sind es die sozialen Aspekte, leider. Und das ist das, was eigentlich einem weh tut, weil im ESG steckt ja als großer Punkt das Soziale drin. Ich glaube, dass – natürlich schlummert in jedem von uns so ein nachhaltiges, schlechtes Gewissen. Gleichzeitig ist es natürlich schon so, auch dass - gerade in der Branche – es geht ums Geldverdienen und viele sehen halt einfach den wirtschaftlichen Output. Und sind natürlich auch verantwortlich gegenüber Investoren und Anlegern und Mitarbeitern und steigenden Kosten, Baukosten und so weiter und so fort. Und dieser finanzielle Druck, der dahintersteckt, dämmt natürlich manchmal so den Enthusiasmus für Nachhaltigkeit ein."[11]

Darüber hinaus wurde zwar bereits im Vorhinein die Lebenszyklusbetrachtung als ganzheitliche Berücksichtigung der Nachhaltigkeit vorgestellt,[12] dennoch zeigte sich unter den Experten/-innen, dass eine Änderung der Nutzungsart der Immobilie berücksichtigt werden sollte.[13] Dieser Aspekt stellt sich somit in dieser Tragweite nicht in Gänze als erwartetes Forschungsergebnis dar.

Im Allgemeinen ließ sich in vielen Aspekten ein Konsens der Experten – auch über die unterschiedlichen Interessensgruppen hinweg – feststellen. Dennoch zeigte sich, dass im Hinblick auf die Zukunftsfähigkeit unterschiedliche Auffassungen über den Impulsgeber positiver Veränderungen herrschen. Experte/-in 2 berichtete demnach aus der Expertensicht eines Investors wie folgt:

„Aktuell ist es viel aus der Investorensicht, aus der Finanzierungssicht, weil natürlich jeder Angst hat, in ein stranded asset zu laufen. Das ist zum Glück da[durch] einfach eindeutig getrieben. Andererseits ist es so, dass die Nutzer, also wir sehen es bei sehr wenigen, dass es wirklich aktiv nachgefragt [wird]. Es gibt einige große Nutzer schon, die es wirklich [...] an die Spitze treiben und auch wirklich sehr, sehr, sehr fokussiert auf dieses Thema sind. Das sind aber noch nicht alle und [...] leider Gottes [...] merkt man einfach noch nicht, dass der Kunde bereit ist, mehr Geld zu bezahlen. Da ist wieder diese Spanne, dass du sagst von den Investoren wird es erwartet, von der Politik wird es nicht gefördert, dem Nutzer ist es noch Wurscht in Anführungszeichen und ihm ist es nicht wert, dass er dafür mehr bezahlt."[14]

Im Kontrast hierzu zeigte sich die Aussage des/der Experten/-in 5 aus der Nutzerperspektive:

---

[11] Meier [2022b], Interview vom 28.06.2022.

[12] Vgl. Rottke [2017a], S. 44.

[13] Vgl. Meier [2022g], Interview vom 22.06.2022; vgl. Meier [2022e], Interview vom 24.06.2022.

[14] Meier [2022b], Interview vom 28.06.2022.

„Vertreter der Immobilienwirtschaft entwickeln vielleicht ein Grundstück, richten Gebäude, verkaufen und sind weg. Job ist getan – sind weg. Also das Interesse an einer funktionierenden, an einer nachhaltigen Immobilie ist vom Nutzer damit viel länger, viel nachhaltiger, andauernder, viel kostenintensiver, viel erfolgsrelevanter, langfristiger als natürlich für alle anderen Player vom Projektentwickler, bis zum Makler, bis zum Architekten, bis zum ausführenden Unternehmen. Die haben alle kurzfristigere Betrachtungshorizont."[15]

Zurückführen lässt sich dies jedoch zumindest zu einem gewissen Teil auf eine Besonderheit des betrachteten Gegenstands: Allein bei der Entwicklung einer neuen Immobilie stellen eine Vielzahl von Akteuren unterschiedliche Anforderungen an die Immobilie[16] – diese vollständig in Einklang zu bringen fällt oftmals schwer. Weitergefasst lässt sich sagen, dass an eine Büroimmobilie von ihrer Entstehung über die Nutzung bis hin zur Verwertung unterschiedlichste Anforderungen unterschiedlichster Interessengruppen herangetragen werden. Eine ganzheitliche Betrachtung unter Berücksichtigung einiger verschiedener Interessengruppen, wie sie in dieser Arbeit angestellt wurde, erweist sich dadurch als sinnvoll. Dennoch stieß die hiesige Forschung auch an Grenzen, welche nachfolgend beleuchtet werden sollen.

6.1   Grenzen der Forschung

Auch für die Forschung im Rahmen dieser Studie stellen sich Limitationen dar. Zunächst sei hierbei zu nennen, dass – wie sich bereits anmerken ließ – eine Vielzahl an Interessengruppen besteht. Eine vollumfassende Analyse aller Anforderungen der unterschiedlichen Akteure und Beteiligtem kann daher durch die hier befragten Experten nicht vollständig abgedeckt werden. Weitergehend lässt sich nennen, dass innerhalb der Experteninterviews lediglich deutschsprachige und in Deutschland agierende Experten befragt wurden. Auch die Marktbeschreibung innerhalb der Literaturanalyse bezog sich auf den Büroimmobilienmarkt Deutschlands. Es ergibt sich dadurch eine regionale Begrenzung der hiesigen Ergebnisse.

Gemäß *Döring und Bortz* stellt sich ein zirkuläres Vorgehen bei qualitativen Studien als idealtypisch dar, welches eine mehrfache Datenerhebung vorsieht, bis keine neuen Erkenntnisse mehr gewonnen werden können.[17] In der vorliegenden

---

[15] Meier [2022e], Interview vom 24.06.2022.

[16] Vgl. Kinateder [2017], S. 509.

[17] Vgl. Döring/Bortz [2016], S. 26.

Arbeit wurde jedoch nur ein Zirkel durchgeführt, wodurch sich grundsätzlich weitere Erkenntnisse gewinnen lassen könnten. Dies steht auch in Einklang mit dem nächsten Punkt.

Hierbei lässt sich im Hinblick auf das Forschungsziel anmerken, dass lediglich universelle Anforderungen Gegenstand der Betrachtung sein konnten. Die Forschung soll daher weniger als vollendeter Anforderungskatalog an eine zukunftsfähige Immobilie verstanden werden. Vielmehr soll sie einen Ausgangspunkt für spezifische Anforderungsforschung bieten und ein Grundkonstrukt einer zukunftsfähigen Büroimmobilie skizzieren. Weitere Forschung stellt sich hierbei als erwünscht dar und wird im nächsten Teil der Arbeit näher spezifiziert.

6.2 Empfehlung weiterer Forschung

Insbesondere die unternehmensspezifischen Anforderungen an eine zukunftsfähige Büroimmobilie bedürfen einer individuellen Forschung. Dieses Buch kann dabei, wie bereits erwähnt, als Ausgangspunkt für weitere Forschung an Anforderungen gesehen werden. Weitergehend führt die Beschaffenheit des hiesigen Forschungsgegenstands zu einem Bedarf einer stetigen Betrachtung. Es handelt sich um ein Konstrukt mit vielen Stellschrauben und Interdependenzen, die bei einer Veränderung eine Neubewertung implizieren. Außerdem konnte in dieser Forschungsarbeit festgestellt werden, dass einige Veränderungsprozesse noch im Gange sind und daher ständig variieren können.[18]

Einen zusätzlichen Ansatzpunkt weiterer Forschung stellt die Befragung anderer Interessensgruppen dar. Beispielhaft lassen sich immobilienbezogene Dienstleister nennen, deren spezifische Anforderungen an eine zukunftsfähige Büroimmobilie erhoben werden können.

Im Rahmen der Experteninterviews konnte darüber hinaus festgestellt werden, dass unterschiedliche Ansichten über die Impulsgeber der Anpassung von Büroimmobilien an die Zukunft bestehen.[19] Hier könnte spezifisch eine Forschung ansetzen, um Gründe dafür zu identifizieren und einen Konsens zu ermöglichen.

---

[18] Vgl. Meier [2022 f.], Interview vom 24.06.2022.
[19] Vgl. Meier [2022b], Interview vom 28.06.2022; vgl. Meier [2022e], Interview vom 24.06.2022.

Fazit 7

Der Anspruch dieser Publikation war es, einen ganzheitlichen Ansatz für Anforderungen an eine zukunftsfähige Büroimmobilie zu entwickeln. In einer Literaturrecherche wurde zunächst ein grundlegender Blick auf die Büroimmobilie geworfen, bevor die Veränderungstreiber New Work und Nachhaltigkeit vorgestellt wurden. Bei der Betrachtung der verschiedenen Aspekte der New Work konnte aufgezeigt werden, inwiefern sich die Art und Weise der Arbeit ändert und welche Auswirkungen dies auf die Büroimmobilie besitzt. Analog wurden Einflüsse der Nachhaltigkeit beleuchtet und die aktuelle Marktsituation beschrieben. Diese Aspekte sollten entsprechend der eingangs beleuchteten Forschungslücke unter Erhebung von Expertenwissen eine zusammenhängende und aktuelle Betrachtung erfahren.

Forschungsziele waren demnach, den allgemeinen Einfluss der Veränderungstreiber New Work und Nachhaltigkeit auf eine zukunftsfähige Büroimmobilie zu identifizieren und universelle Anforderungen zu bestimmen. Um diese Forschungsziele zu erreichen, wurde eine empirische Forschung durchgeführt, bei der sowohl die Nutzer-, als auch Investoren- und Maklerperspektive repräsentiert wurde. Hierbei wurden sieben leitfadenbasierte Interviews zur Datengenerierung durchgeführt, deren Inhalt qualitativ zusammenfassend analysiert wurde.

Im Hinblick auf den allgemeinen Einfluss der Veränderungstreiber ließ sich erkennen, dass aus Expertensicht zwar grundsätzlich eine *bestehende Relevanz der Assetklasse Büro* antizipiert wurde. Andererseits wurden jedoch Unterschiede hinsichtlich der Einschätzung im Hinblick auf *Veränderung von Flächenbedarfen* sichtbar. Insbesondere bestehende Mietverträge mit Indexierungsklauseln – und somit derzeit hohem Mietsteigerungspotential – sorgen aus der Investorensicht für fortwährende Relevanz.

Nutzer und Makler hingegen prognostizieren zwar keinen gänzlichen Verzicht auf das Büro: Die Erarbeitungen der Literaturanalyse stimmten jedoch im Großteil mit den Erkenntnissen zu den Einflüssen in den Aspekten *Veränderungen durch alternative Arbeitsorte,* der grundsätzlichen *Veränderung der Anforderungen* und deren *Abhängigkeit vom betrachteten Unternehmen* überein.

Als Anforderungen durch New Work konnten zunächst die *Konzeption als Ort des Zusammentreffens* und *Ort des Wohlfühlens* identifiziert werden. Das Büro als solches versteht sich daher zukünftig als Ort, der Kooperation, Kreativität und Kommunikation fördern soll. Planerisch sind somit Räumlichkeiten zu schaffen, an denen sich Menschen treffen, Ideen austauschen und gemeinsam produktiv arbeiten können.

Weitergehend erfährt eine erhöhte *Flexibilität der Flächen* steigende Relevanz – Die Vereinbarkeit unterschiedlicher Arbeitsstile und Arbeitsorte gewinnt an Bedeutung. Eine höhere Anpassungsfähigkeit der Flächen an die Bedürfnisse der Nutzer und die Ermöglichung flexiblen Arbeitens verstehen sich demnach als wichtige Aspekte, um Arbeitsabläufe und Produktivität zu optimieren.

Insbesondere durch den Wertewandel bedingt, sollte die *Berücksichtigung von Sozialflächen* in die Planung einbezogen werden. Mitsamt der Harmonisierung von beruflichem und privaten Leben steht auch hier die Steigerung des informellen Austauschs im Vordergrund der Betrachtung.

Dabei wandeln sich nicht nur die Werte der Arbeitnehmer sondern auch die der Unternehmen als solche. Als Transporteur dieser Werte können dabei die jeweiligen Geschäftsräume genutzt werden: Das Büro besitzt eine identitätsstiftende Wirkung und fungiert als *Instrument der Unternehmensidentität.* Weitergehend konnte festgestellt werden, dass nicht nur auf eine Identifikation bestehender Mitarbeiter mit dem jeweiligen Unternehmen abgezielt werden soll. Vielmehr kann das Büro auch als Werkzeug zur Akquisition neuer Fachkräfte dienen und unmittelbar die *Arbeitgeberattraktivität* erhöhen. Vorausgesetzt, es werden veränderte Nutzeranforderungen respektiert, indem ein attraktiver Ort der Begegnung geschaffen wird, der Identität stiftet und kreatives und kommunikatives Arbeiten ermöglicht.

Anders als in der theoretischen Beleuchtung zu Anfang dieses Buches konnte im Hinblick auf nachhaltigkeitsrelevante Anforderungen an die Büroimmobilie oftmals keine Gliederung in die unterschiedlichen Dimensionen der Nachhaltigkeit erkannt werden. Vielmehr haben Nachhaltigkeitsanforderungen einen direkten Nutzen. Es standen insbesondere ökonomisch bedingte Anforderungen im Vordergrund. So konnten allen voran *geringe Betriebskosten* als Anforderung definiert werden. Als einer der größten Kostenblöcke in Unternehmen, stellt die Reduktion der immobilienbedingten Kostenstruktur einen wichtigen Aspekt bei der Bürosuche dar. Um sich zukunfts- und wettbewerbsfähig nennen zu können, muss ein Büro diesem ökonomischen Aspekt gerecht werden. Gleichwohl von hoher Bedeutung stellten sich außenwirkungsrelevante Faktoren dar. Dieser Sphäre lassen sich das Bestehen einer *Nachhaltigkeitszertifizierung* und die generellen *Wahrnehmbarkeit der Nachhaltigkeit des Gebäudes* zuordnen.

Darüber hinaus ließ sich ein weiterer zentraler Nachhaltigkeitsaspekt einer zukunftsfähigen Büroimmobilie feststellen: Die *effiziente Flächennutzung.* Hierbei wurden insbesondere mögliche Kosteneinsparungen und Ressourcenschonungen durch einen effizienten Umgang genannt. Wie bereits beleuchtet, weisen Büroimmobilie im Allgemeinen nur eine begrenzte Nutzungsintensität auf, die oftmals durch starre Arbeitsplatzkonzepte weiter gemindert wird. Eine höhere Auslastung durch Reduktion ungenutzter Flächen sorgt demnach für Kosten- und Verbrauchseinsparungen. Hierbei ist wichtig zu beachten, dass die Immobilie diese Arbeit jedoch nicht allein leisten kann. Von Nöten ist – aufgrund des hohen Anteils an dem Gesamtlebenszyklus – auch eine Änderung der Nutzung in Richtung Effizienz.

Letztlich ließ sich gerade diese *Berücksichtigung des Gesamtlebenszyklus* als wichtigen Aspekt der Nachhaltigkeit einer zukunftsfähigen Büroimmobilie nennen. Die ganzheitliche Betrachtung über den gesamten Lebenszyklus stellt sich dabei als vielartig sinnvoll dar. Festgestellt werden konnte, dass sich diese Betrachtung nicht nur auf das Bürogebäude an sich beziehen soll, sondern auch hinsichtlich des nutzerspezifischen Ausbaus auf eine Berücksichtigung der Nachnutzung geachtet werden soll.

Weitergehend konnte die Forderung einer Umnutzungsmöglichkeit der Büroimmobilie festgestellt werden.

Resümierend lässt sich feststellen, dass es sich bei der Zukunftsfähigkeit von Büroimmobilien um ein äußerst breites und komplexes Feld handelt. Auch wenn allen vorgenannten Aspekten Rechnung getragen wird, kann diese Aufstellung von Anforderungen kein vollumfängliches Erfolgsrezept eines zukunftsfähigen Büros darstellen. Vielmehr zeigt diese Untersuchung, dass vielfach untereinander bedingende Abhängigkeitsbeziehung bestehen, die für Abstraktheit sorgen, denn wie Churchill einst sagte: „Erst prägt der Mensch den Raum, dann prägt der Raum den Mensch." Von Relevanz ist daher eine fortwährende Analyse und Forschung, die ganzheitlich Anforderungen berücksichtigt.

Anhang I

Interviewleitfaden

HOCHSCHULE
FRESENIUS
UNIVERSITY OF APPLIED SCIENCES

Einzelbefragung von Experten
(persönlich)
Die Zukunftsfähigkeit von Büroimmobilien – Eine Analyse der Anforderungen
an das Büro von morgen

1. Begrüßung
   a. Vorstellung des Interviewers
   b. Vorstellung des Interviewten
2. Zukunftsfähigkeit von Büroimmobilien (Frage 1)
   a. Themeneinführung
3. Veränderungen der Anforderungen (Frage 2)
   a. Haupttreiber
4. Veränderungstreiber New Work (Fragen 3 und 4)
   a. Aspekte des Trends
   b. Ableitbare Anforderungen

5. Veränderungstreiber Nachhaltigkeit (Fragen 5 und 6)
   a. Einfluss und Anforderungen an die Immobilie
6. Weiterführende Frage (Frage 7)
   a. Weitere Aspekte der Veränderung
7. Verabschiedung

Interviewfragen

Nr.	Hauptfrage
1	Welche Relevanz ordnen Sie der Zukunftsfähigkeit von Büroimmobilien zu?
2	Inwiefern beschäftigen Sie Veränderungen der Anforderungen an Büroimmobilien in Ihrer geschäftlichen Praxis?
3	Wie schätzen Sie den Einfluss des Trends New Work auf die Büroimmobilie ein?
4	Welche Anforderungen ergeben sich aus dem New Work-Trend für eine zukunftsfähige Büroimmobilie?
5	Wie sehen Sie den Einfluss von Nachhaltigkeit auf die Büroimmobilie?
6	Welche Anforderungen ergeben sich durch die Nachhaltigkeit für eine zukunftsfähige Büroimmobilie?
7	Welche weiteren Aspekte entscheiden Ihrer Meinung nach über die Zukunftsfähigkeit von Büroimmobilien?

Anhang II

Qualitative Inhaltsanalyse

Allgemeiner Einfluss von New Work und Nachhaltigkeit

O-Ton	Paraphrase	Erste Reduktion	Code	Zweite Reduktion
EXPERTE/-IN 1: „[…] also ich denke weiterhin in Zukunft gibt es auf jeden Fall eine große Nachfrage. Also meiner Meinung nach werden die Mieten jetzt auch noch Stück für Stück weiter steigen. Viele sind ja indexiert. Von dem her denke ich, dass das Interesse aus Investmentsicht an Büroimmobilien da bleiben wird."	Die Nachfrage nach Büroimmobilien bleibt aus meiner Sichtweise als Investor erhalten – insbesondere durch die steigenden Mieten	Die Assetklasse Büro hat eine gleichbleibende Relevanz	**Änderung der allgemeinen Relevanz der Assetklasse Büro**	Das *Büro* hat Zukunft
EXPERTE/-IN 3: „Ich sage ganz ehrlich, ich gehe weiterhin davon aus, dass wir einen relativ hohen Bedarf an Büroflächen haben."	Der Bedarf an Büroflächen wird weiterhin fortbestehen	Die Assetklasse Büro hat eine nahezu gleichbleibende Relevanz		Das *Büro* hat Zukunft
EXPERTE/-IN 4: „Also grundsätzlich durch die Option von Homeoffice, Telearbeit, Remote Arbeit, je nachdem welchen rechtlichen Begriff man wählen möchte, ist es so, dass die Auslastung eines Büros nicht mehr bei hundert Prozent sein muss. Also, dass die Kapazität des Gebäudes nicht jeden Mitarbeiter beherbergen muss, weil einfach ein Trend in die Richtung, auch durch Corona angekurbelt, zu vernehmen ist, dass immer mehr Leute gerne auch remote arbeiten wollen. Das heißt, Gebäude können in Größe schrumpfen, also kleiner werden."	Homeoffice führt zu einer geringeren Auslastung des Büros. Büroflächen können daher verkleinert werden. Büros müssen mehr können als nur ein Ort zum Erledigen von Schreibtischtätigkeiten darzustellen	Die Assetklasse Büro hat eine sinkende Relevanz durch Flächenminderungen, Büros werden anders genutzt		Das *Büro* hat Zukunft – in einer veränderten Form
EXPERTE/-IN 5: „Ich glaube schon, dass Büros weiter Bestand haben werden. Sicherlich gibt es auch Organisationsformen, die gänzlich auf einen gemeinsamen Ort verzichten, aber ich glaube also zumindest die Kundenlandschaft, die ich vertrete, die wir kennen: Große Unternehmen, mittelgroße, kommen und werden nicht ohne einen gemeinsamen Treffpunkt auskommen."	Manche Unternehmen können auf Büros in Zukunft verzichten – die Mehrzahl jedoch wird an Büroflächen als Treffpunkt festhalten	Die Assetklasse Büro hat – zu großen Teilen – eine bestehende Relevanz		Das *Büro* hat Zukunft – in einer veränderten Form

Allgemeiner Einfluss von New Work und Nachhaltigkeit

O-Ton	Paraphrase	Erste Reduktion	Code	Zweite Reduktion
EXPERTE/-IN 7: „Das hat natürlich einen großen Einfluss auch auf die Büroimmobilien in den letzten zwei, drei Jahren gehabt und da merken wir schon sehr große Veränderungen – beziehungsweise auch ein Stück weit einen Rückgang von den großen Büroflächen."	Es ist ein Rückgang größerer Büroflächen zu verzeichnen	Die Assetklasse Büro hat – zu Teilen – eine bestehende Relevanz		Das *Büro* hat Zukunft – in einer veränderten Form
EXPERTE/-IN 3: „Da ist, würde ich auch sagen, bei Büroimmobilien die Lage ein extremer Faktor. Die ist natürlich auch ganz hoch aufgehängt."	Die Lage ist ein Faktor bei der Änderung in der allgemeinen Relevanz der Assetklasse Büro	Die Lage ist wichtig für die allgemeine Relevanz		Das *Büro* hat lageabhängig Zukunft
EXPERTE/-IN 1: „Was jetzt, ich meine, wenn es um die Zukunftsfähigkeit geht, entscheidend ist, denke ich mal, wird natürlich die Lage sein. Das heißt dann, wenn jetzt halt die Nachfrage nachlassen sollte, je nachdem, wird natürlich die Top Immobilie in der Stadtmitte doch immer eher gut vermietet sein als in den Randlagen."	Die Lage entscheidet darüber, wie die zukunftsfähig die Nachfrage nach Büroimmobilien ist	Die Zukunftsfähigkeit ist gekoppelt an die Lage des Objekts		Das *Büro* hat lageabhängig Zukunft
EXPERTE/-IN 1: „Die Büroauslastung geht um 40 % zurück, waren ja die ersten Infos. Manche sagen, sie steigen trotzdem weiter an. Aber meine Einschätzung ist momentan von den Mietern, die wir haben, dass sie eigentlich kaum Flächen verkleinern, sondern, dass vor allem die kleinen Unternehmen schnell wieder ihre Leute zurück ins Büro wollen."	Aussagen über die Büroauslastung sind ambivalent. Die Mieter in unserem Unternehmen möchten jedoch kaum Flächen reduzieren	Keine Reduktion der Büroflächen	**Veränderung der Flächenbedarfe**	Keine Veränderung der Flächenbedarfe
EXPERTE/-IN 3: „Also ich gehe jetzt davon aus, dass sich durch Corona natürlich ja auch andere Anforderungen an Büroflächen da sind. Dass es sich ja nicht unbedingt reduzieren muss, weil du natürlich auch Platz schaffen willst, dass die Leute und Kunden genug Abstand haben können."	Flächen werden nicht unbedingt reduziert, da Abstandsflächen geschaffen werden. Anforderungen ändern sich jedoch	Keine zwangsweise Reduktion der Büroflächen		Keine Veränderung der Flächenbedarfe

Allgemeiner Einfluss von New Work und Nachhaltigkeit

O-Ton	Paraphrase	Erste Reduktion	Code	Zweite Reduktion
EXPERTE/-IN 4: „Je fortschrittlicher ein Unternehmen ist, desto weniger kann es sich dieser Entwicklung entziehen. Und das Unternehmen kann gleichermaßen aber auch von dieser Entwicklung, einen Vorteil daraus ziehen. Einfach dadurch, dass weniger Fläche bedeutet weniger Miete, sollte man Mieter sein. Weniger Mitarbeiter vor Ort kann aber auch bedeuten, man muss ein neues Gebäude nicht überdimensionieren."	Weniger Tätigkeiten vor Ort führen zu einem reduzierten Flächenbedarf und reduzieren damit Mietkosten	Reduktion der Büroflächen		Teilweise Veränderung der Flächenbedarfe
EXPERTE/-IN 7: „Da ist natürlich Home Office, was natürlich durch Corona entstanden, ist natürlich ein großer Punkt. Dass man im Prinzip gesetzlich 2 Tage einem Mitarbeiter einräumen muss, im Home Office zu arbeiten. Dementsprechend nimmt das natürlich eine immer größere Rolle ein. Das hat natürlich einen großen Einfluss auch auf die Büroimmobilien in den letzten 2–3 Jahren gehabt und da merken wir schon sehr große Veränderungen – beziehungsweise auch ein Stück weit einen Rückgang von den großen Büroflächen."	Durch Corona wurde die Home-Office-Tätigkeit stark erhöht. Gesetzlich müssen dem Mitarbeiter zwei Home-Office-Tage eingeräumt werden. Dies hat insofern einen Einfluss auf die Bürofläche, dass große Büroflächen weniger stark nachgefragt werden	Reduktion der Nachfrage großer Büroflächen		Teilweise Veränderung der Flächenbedarfe
EXPERTE/-IN 2: „Wenn man sich vorstellt, dass eine Single-Tenant-Usage von, was weiß ich, 10.000 / 15.000 Quadratmeter zukünftig nur noch 8000 braucht, weil vielleicht ein Teil im Homeoffice sind."	Man kann sich vorstellen, dass ein einzelner Mieter einer Bürofläche durch eine verstärkte Home-Office-Tätigkeit zukünftig einen geringeren Flächenbedarf hat	Fallbeispiel einer Flächenreduktion		

Allgemeiner Einfluss von New Work und Nachhaltigkeit

O-Ton	Paraphrase	Erste Reduktion	Code	Zweite Reduktion
EXPERTE/-IN 4: „Vor Corona war es fortschrittlich, wenn 70 % vor Ort und 30 % remote gearbeitet haben. Durch Corona könnte es eher zu einer Verlagerung in Richtung Fifty-Fifty gekommen sein, mit einer weiteren Entwicklung... Man muss sich einfach die Frage stellen: Wozu komme ich ins Büro und nicht mehr wie oft, sondern welche Prozesse in der Firma bedingen quasi eine physische Anwesenheit vor Ort?"	Eine Verstärkung der Home-Office-Tätigkeit führt dazu, dass das Büro nur für gezielte Arbeiten genutzt wird, die eine physische Anwesenheit bedürfen	Lediglich bestimmte Arbeiten im Büro	**Veränderungen durch alternative Arbeitsorte**	Starke Veränderung durch alternative Arbeitsorte
EXPERTE/-IN 5: „Das, was ich daheim am Küchentisch tun kann, tue ich vielleicht auch zu Hause. Aber Dinge, die ich nicht zuhause am Küchentisch tun kann, nämlich mit anderen Menschen persönlich zusammenarbeiten, netzwerken, Ideen finden, Gespür, Identität, Bauchgefühl zu entwickeln, wo sich einfach die Leute treffen und das wird an einem Treffpunkt - nennen wir ihn weiterhin Büro - stattfinden."	Einfache Einzelarbeiten können auch von zu Hause aus erledigt werden. Kreative, soziale und gemeinschaftliche Arbeiten finden jedoch weiterhin in der Bürofläche statt	Bestimmte Arbeiten an alternativen Arbeitsorten, bestimmte Arbeiten im Büro		Veränderungen durch alternative Arbeitsorte
EXPERTE/-IN 7: „Also natürlich: Wir werden davon nicht mehr wegkommen, also dieses Home Office hat sich etabliert, wird auch bleiben. Zu viele haben daran auch Gefallen gefunden: Mitarbeiter, die in diesem Bereich tätig sind. Nichtsdestotrotz ist und bleibt im Büro wahnsinnig vieles: ein großes Knowhow beziehungsweise, es wird oft vergessen, ein Flurfunk zum Beispiel."	Home Office wird bleiben, da viele daran Gefallen gefunden haben. Dennoch gibt findet im Büro ein Transfer von Knowhow und ein Flurfunk statt, welcher im Home Office nicht entsprechend möglich ist	Homeoffice bleibt, bestimmte Aspekte nur im Büro vertreten		Veränderungen durch alternative Arbeitsorte

Allgemeiner Einfluss von New Work und Nachhaltigkeit

O-Ton	Paraphrase	Erste Reduktion	Code	Zweite Reduktion
EXPERTE/-IN 5: „Richtig ist sicher, dass die Anforderungen an Büros sich ändern, sich ändern werden, weil sie anders genutzt werden als, sage ich mal, die Büros Ihrer Elterngeneration. Ich glaube, da wird eine deutlich andere Nutzung, das ist ja jetzt schon spürbar, sein. Dadurch leiten sich andere Anforderungen an Büroimmobilien ab. Das kann aus meiner Sicht vom Standort bis zur Ausgestaltung alles sein, aber auch Richtung Funktionalitäten und deswegen zukunftsfähig: Ja, aber eine Veränderung! Also ein Weiter-so wie vor 5 oder 8 Jahren, das, glaube ich, wird es nicht geben, weil die Anforderungen andere sind."	Die Anforderungen ändern sich stetig durch eine veränderte Nutzung der Büroimmobilien. Die Anforderungen reichen von einem veränderten Standort bis hin zur Ausgestaltung und Funktionalität	Anforderungen ändern sich stetig	**Änderung der Anforderungen an eine Büroimmobilie**	Anforderungen ändern sich
EXPERTE/-IN 6: „Ich finde es sehr spannend, jetzt ist der perfekte Punkt, um das eben auch mal alles zu beobachten, was sich verändern kann und was sich verändern wird – Das wird auch in Zukunft auf jeden Fall mehr kommen."	Es ist eine Veränderung spürbar, bei der sich – gerade jetzt – eine Betrachtung lohnt	Anforderungen ändern sich stetig – gerade jetzt		Anforderungen ändern sich
EXPERTE/-IN 3: „Das würde ich auch sagen, ist auch extrem unternehmensabhängig. Es gibt natürlich die Unternehmen, die eher konservativ unterwegs sind, wie Versicherungen würde ich sagen oder eben große Immobilienunternehmen also sowieso eine DEKA, Commerz Real und so, oder generell auch Banken wie Commerzbank. Die sind ja eher konservativ unterwegs und ich glaube, da gibt es jetzt erstmal so ein leichtes Umdenken."	Anforderungen sind unternehmensabhängig. Konservative Unternehmen haben ihre Anforderungen noch nicht so stark angepasst wie moderne Unternehmen	Anforderungen sind unternehmensabhängig	**Unternehmensabhängigkeit der Anforderungen**	Anforderungen sind unternehmensabhängig
EXPERTE/-IN 4: „Das kommt ganz auf das Unternehmen an und auf die Aufgaben, die dem Unternehmen eben gestellt werden."	Die Definition von Zukunftsfähigkeit ist unternehmensabhängig	Anforderungen sind unternehmensabhängig		Anforderungen sind unternehmensabhängig

Allgemeiner Einfluss von New Work und Nachhaltigkeit

O-Ton	Paraphrase	Erste Reduktion	Code	Zweite Reduktion
Anforderungen durch New Work				
EXPERTE/-IN 2: „Aber ich glaube, dass wir in den letzten Jahren ein bisschen übersehen haben, wie schnell das Ganze geht. Wir sind in Deutschland auch sehr lahm und sehr auf – ja, also veränderungsresistent. Und alleine, wenn man sich mal anschaut, dass die Arbeitsstättenrichtlinien immer noch ausgelegt sind auf Abstandsflächen und Tischgrößen, die von Röhrenmonitoren her zeugen und da sieht man auch mal, wie groß Tische sein müssen, um den Abstand von einem Röhrenmonitor zum Arbeitsplatz zu haben. Das sind so Sachen, da sind wir einfach nicht schnell und da sind viele Sachen einfach noch nicht mit der Technologie mitgegangen oder mit dem Bedürfnis mitgegangen. Und ich glaube, das ist so mit eine der verheerenden Geschichten."	Technologische Veränderungen sind sehr schnell veränderlich – in Deutschland sind wir jedoch veränderungsresistent. Die Arbeitsstättenrichtlinie sieht noch immer eine Arbeitsplatzgestaltung beruhend auf Röhrenmonitoren vor. Dabei sind wir nicht schnell genug mit der Technologie mitgegangen. Das ist ein wichtiger Aspekt	Technologische Veränderungen sind omnipräsent und werden von offizieller Seite aus nur schleppend umgesetzt. Daher sind damit verbundene Prozesse noch immer im Gange	**Relevanz von New Work**	New Work-Bewegung ist im Gange
EXPERTE/-IN 2: „Ich finde, wenn man so als Klammer sagt: „New Work" ist die Sinnhaftigkeit des Arbeitens, machen wir es mal einfach so, dann ist eigentlich alles gesagt und dann wird New Work nie aussterben, weil die Sinnhaftigkeit bedeutet: Ich stimme Raum, Technologie und Mensch miteinander ab, um ein sinnhaftes Umfeld zu erzeugen."	New Work kann als Sinnhaftigkeit des Arbeitens und eine Harmonie aus Raum, Technologie und Mensch verstanden werden, woraus eine effiziente Büroimmobilie entstehen kann	New Work wird immer präsent bleiben		New Work-Bewegung ist im Gange
EXPERTE/-IN 5: „Die Art, wie wir arbeiten, ändert sich und zwar laufend und natürlich drastisch in den letzten zwei, drei Jahre aber auch schon weit davor. Deswegen ist ja der Begriff schon aus den aus den Achtzigern, würde ich fast sagen. Aber er wird immer präsenter."	Die Änderung der Arbeitsweise ist schon immer ein laufender Prozess, der sich in den letzten Jahren intensivierte und immer präsenter wird	Die Relevanz von New Work nimmt stetig zu		New Work-Bewegung ist im Gange

Allgemeiner Einfluss von New Work und Nachhaltigkeit

O-Ton	Paraphrase	Erste Reduktion	Code	Zweite Reduktion
EXPERTE/-IN 4: „Also dahingehend hat es schon einen Wandel gegeben, denn die Arbeit ist von einer reinen Reproduktionstätigkeit zu einer problemlösenden Tätigkeit gegangen. Kommunikation wird zunehmend asynchron. Das heißt, Zeitpunkt der Arbeit und Überlappungen der Nachrichten sind nicht immer unmittelbar. Der Austausch ist wichtig. Kommunikation ist wichtig, aber das Büro selbst ist kein Ort mehr, wo reine Arbeit geleistet wird, sondern das ist eher ein Ort der Zusammenkunft, Kulturträger und hat ebenso so ein bisschen „Lagerfeuer-Charakter", dass die Leute da zusammenkommen können, sich austauschen können und eben kreativ sein können. Und nicht mehr nur noch von morgens bis abends am Schreibtisch sitzen."	Die Arbeit hat sich im Allgemeinen verändert, wodurch die Relevanz von Kommunikation steigt. Die Büroimmobilie muss dem standhalten, indem sie Kreativität und Austausch fördert	Das Büro wird zum Ort des Zusammentreffens	**Konzeption als Ort des Zusammentreffens**	Konzeption als Ort des Zusammentreffens ist eine Anforderung
EXPERTE/-IN 1: „Ich denke gerade so Punkte, wie Socializing, Produktivität würde ich jetzt mal in Klammern setzen, aber ich denke Socializing wird dann immer mehr, Trennung von privaten und beruflichen Teilen. Ja, das wird immer mehr natürlich wichtig werden in diesem Punkt. Ich denke jetzt aus unserer Erfahrung, allein wenn man im Büro ist, ja, dann kommt es dem Chef auch gar nicht darauf an, dass man dann am Arbeitsplatz sitzt die ganze Zeit, sondern mal Kaffee trinken oder abends noch ein Bierchen – dann freuen die sich auch und es wird schon auch wertgeschätzt."	Soziale Kontakte rücken in den Vordergrund. Die Führung des Unternehmens sieht dies auch als wünschenswert	Das Büro wird zum Ort des Zusammentreffens		Konzeption als Ort des Zusammentreffens ist eine Anforderung
„EXPERT/-in 3: Büros, die zum Zusammentreffen konzipiert wurden oder auch diese Think Tanks oder so, das kam jetzt alles ganz langsam, also das wird jetzt erst so ein bisschen etabliert."	Es wird immer mehr etabliert, dass Büros zum Zusammentreffen konzipiert werden	Das Büro wird zum Ort des Zusammentreffens		Konzeption als Ort des Zusammentreffens ist eine Anforderung

Allgemeiner Einfluss von New Work und Nachhaltigkeit

O-Ton	Paraphrase	Erste Reduktion	Code	Zweite Reduktion
EXPERTE/-IN 4: „Also der Mensch muss sich im Raum wohlfühlen. Das ist das A und O bei einer Immobilie und bei Architektur, das sollte der Gedanke dahinter sein."	Der Nutzer muss sich in der Büroimmobilie wohlfühlen	Der Wohlfühlfaktor des Büros wird wichtiger	**Konzeption als Ort des Wohlfühlens**	Steigende Relevanz des Wohlfühl-Faktors
EXPERTE/-IN 6: „New Work ist für mich auch, sich wohlfühlen im Büro. Das ist ja auch nicht immer gängig gewesen."	New Work bringt die Anforderung, dass sich der Nutzer in der Fläche wohlfühlen kann	Der Wohlfühlfaktor des Büros wird wichtiger		Steigende Relevanz des Wohlfühl-Faktors
EXPERTE/-IN 1: „Das heißt dann bei uns beispielsweise in *** ist es aktuell so, dass man da jetzt alle Büros neu streicht, jeder Raum bekommt ein bisschen eine eigene Besonderheit. Ja, dass man sich dann wohlfühlt. Die Teeküche werden vergrößert. Es gibt mehr Lunch-Möglichkeiten. Es gibt mehr Aufenthaltsräume."	Es werden einige Anstrengungen unternommen, um den Wohlfühlcharakter des Büros zu verbessern	Der Wohlfühlfaktor des Büros wird wichtiger		Steigende Relevanz des Wohlfühl-Faktors
EXPERTE/-IN 1: „Das heißt also, der Flächenbedarf wird jetzt nicht unbedingt geringer werden, aber es wird auf jeden Fall anders werden. Ich denke, da ist halt dann die Flexibilität von Büroimmobilien relativ wichtig, dass man da nicht eine starre Struktur hat mit einem Einzelzimmer und das nicht ändern kann, sondern dass man da auch was anderes machen kann."	Flächenbedarfe reduzieren sich zwar nicht, aber die Büroimmobilie muss flexibel an die gewünschte Nutzung anpassbar sein	Die Flexibilität der Flächen ist von hoher Relevanz	**Flexibilität der Flächen**	Hohe Relevanz der Flexibilität
EXPERTE/-IN 3: „Also ich würde sagen, die Flächen müssen sehr flexibel sein. Ich denke mal, dass man natürlich auch immer mit den neuesten Trends gehen muss. Man muss da sehr anpassungsfähig sein. Weil ich denke mal, was heute in ist, das kann natürlich dann auch in drei Monaten oder so schon wieder out sein. Das heißt dann muss man wieder umdenken."	Flächen müssen, um Veränderungen standhalten zu können, flexibel sein	Die Flexibilität der Flächen ist von hoher Relevanz		Hohe Relevanz der Flexibilität

Allgemeiner Einfluss von New Work und Nachhaltigkeit

O-Ton	Paraphrase	Erste Reduktion	Code	Zweite Reduktion
EXPERTE/-IN 2: Generell zukunftsfähig bedeutet für mich, dass es eine anpassungsfähige Immobilie ist, die resilient gegenüber vielen Störfaktoren ist, die eintreten können. Zukunftsfähig? Flexibel, würde ich sagen, muss sie sein in Punkto: Was sind die Anforderungen der Nutzerbedürfnisse, was das Arbeitsprofil betrifft? Das bedeutet: Brauche ich eine Zelle, brauche ich einen Multispace, brauche ich einen Großraum – was brauche ich da?	Zukunftsfähigkeit bedeutet Anpassungsfähigkeit und Flexibilität gegenüber der Flächenutzung im Hinblick auf die Bedürfnisse des Nutzers	Die Flexibilität der Flächen ist von hoher Relevanz		Hohe Relevanz der Flexibilität
EXPERTE/-IN 4: „Der Anspruch für ein Gebäude ist ein anderer. Wie eben erwähnt ist es eher so, dass Kultur über Gebäude gestärkt werden muss, also die Zusammenkunft für den kreativen Austausch. Die Art und Weise, wie gearbeitet wird, geht eher Richtung Problemlösung, das heißt Kommunikation ist ein immer wichtiger werdender Aspekt in der Büroraumplanung. Das heißt, man braucht Begegnungsflächen, Sozialflächen und nicht mehr nur noch Schreibtischarbeitsflächen."	Eine Veränderung der Arbeitsweise hin zur Problemlösung führt zu anderen Anforderungen an die Bürofläche. Hierdurch werden – anstelle reiner Schreibtischflächen – mehr Sozialflächen benötigt	Die Relevanz von Sozialflächen steigt	**Berücksichtigung von Sozialflächen**	Sozialflächen sind von Relevanz
EXPERTE/-IN 2: „Aber zunehmend eben auch komplementäre Nutzungen, wie eben Gastronomie, wie eben Sport, wie eben was weiß ich, um eben aus einem reinen Arbeitstag, diesen Work-Life-Blend hinzubekommen."	Die Harmonie zwischen Arbeitsalltag und Privatem soll durch zusätzliche Angebote und Sozialflächen verbessert werden	Die Relevanz von Sozialflächen steigt		Sozialflächen sind von Relevanz
EXPERTE/-IN 1: „Aber was halt, denke ich, auch wichtig ist: Employer Branding im Endeffekt. Das habe ich jetzt auch schon öfters gehört."	Employer Branding, also die Markenetablierung des Unternehmens als Arbeigeber ist wichtig	Unternehmensidentitätsvermittlung findet durch die Büroimmobilie statt	**Büro als Instrument der Unternehmensidentität und Arbeitgeberattraktivität**	Büro als Instrument der Arbeitgeberattraktivität

Allgemeiner Einfluss von New Work und Nachhaltigkeit

O-Ton	Paraphrase	Erste Reduktion	Code	Zweite Reduktion
EXPERTE/-IN 2: „Ja und wenn ich die nicht zurückhole in den Second Place und dann wissen wir ja alle oder dann vermuten wir ja zumindest alle, was die Kultur, was die Bindung zum Unternehmen, was den Austausch mit den Kollegen betrifft – wird sehr darunter leiden, wenn ich alles im Home-Office mache. Deswegen ist das schon einer der wichtigsten Punkte, glaube ich."	Die Identifikation mit dem Unternehmen sinkt durch Abwesenheit im Büro. Bindung durch	Unternehmensidentitätsvermittlung findet durch die Büroimmobilie statt		Büro als Instrument der Unternehmensidentität
EXPERTE/-IN 5: Man kann sagen, dass die Nutzeranforderungen an eine Büroimmobilie vielmehr dahin gehen, dass sie ein attraktiver Ort der Begegnung sein müssen; ein attraktiver Ort, der Identität stiftet; ein attraktiver Ort, der es ermöglicht, kreativ zu arbeiten, kommunikativ zu arbeiten	Nutzeranforderungen verändern sich dahingehend, dass das Büro ein attraktiver Ort der Begegnung sein soll, der Identität stiftet und kreatives und kommunikatives Arbeiten ermöglicht	Unternehmensidentitätsvermittlung findet durch die Büroimmobilie statt		Büro als Instrument der Unternehmensidentität
EXPERTE/-IN 6: Dadurch, dass aufgrund von Corona mehr Homeoffice hier immer mehr im Fokus ist, muss man jetzt gucken, wie man seine Mitarbeiter noch mit der Company identifizieren kann und muss auch die Büroimmobilien dementsprechend attraktiver gestalten, um auch neue Anwerber zu locken, sage ich jetzt mal	Büroflächen müssen eine identitätsstiftende und attraktive Wirkung auf den (zukünftigen) Mitarbeiter haben	Unternehmensidentitätsvermittlung findet durch die Büroimmobilie statt		Büro als Instrument der Unternehmensidentität
EXPERTE/-IN 4: Auf der anderen Seite glaube ich, dass, wenn man jetzt von Investoren, die in die Firma investieren wollen redet, dann wird man schnell merken, dass eine Firma, die nicht etwa im aktuellen Zeitgeist trifft wahrscheinlich auch längerfristig kein Erfolg einfahren kann. Das heißt, man befindet sich im War for Talent und man muss eigentlich einen Arbeitsplatz schaffen, der den aktuellen Anforderungen gewachsen ist – mit Kommunikationsflächen, mit Sozialflächen	Büro kann als Mittel im War for Talents eingesetzt werden. Büroimmobilie muss dem standhalten, um attraktiv für Investoren zu sein	Die Arbeitgeberattraktivität ist durch die Büroimmobilie beeinflusst		Büro als Arbeitgeberattraktivität

Anforderungen durch Nachhaltigkeit

Allgemeiner Einfluss von New Work und Nachhaltigkeit

O-Ton	Paraphrase	Erste Reduktion	Code	Zweite Reduktion
EXPERTE/-IN 1: „Also, ich denke aber, das was jetzt entscheidend sein wird bei uns ist: Es wird viel mit Nachhaltigkeit kommen, das heißt wenn im Objekt Sanierungen anstehen, dann ist das Thema Nachhaltigkeit immer da. Das heißt, dann wird nicht nur in die Zukunft geschaut, dass wir jetzt neue Klimatechnik, neue Heizung einbauen sondern auch wie ist es denn ESG-konform? Wie kann man da die Nebenkosten in Zukunft reduzieren? Wie kann man Energieausstöße da niedrig halten? Und das ist auf jeden Fall ein großer Punkt, der immer mehr kommen wird."	Nachhaltigkeit ist insbesondere bei anstehenden Sanierungen ein großes Thema und wird in vielerlei Hinsicht beleuchtet. Dabei wird auf eine Heiz- und Klimatechnik geachtet, sowie auf Aspekte der ESG-Thematik eingegangen. Auch ökonomische Punkte in Form von Betriebskosten spielen eine Rolle. Der Klimaschutz wird anhand einer Reduzierung von Emissionen hinterfragt Die Relevanz der Nachhaltigkeit nimmt dabei stetig zu	Nachhaltigkeit ist insbesondere bei anstehenden Sanierungen ein großes Thema und wird in vielerlei Hinsicht beleuchtet	**Relevanz der Nachhaltigkeit**	Hohe Relevanz der Nachhaltigkeit
EXPERTE/-IN 2: „Aber, was einer der wichtigsten Punkte ist, ist der Punkt Nachhaltigkeit, dass man natürlich jetzt sagen muss: Ist diese Immobilie zukünftig noch nachhaltig?"	Nachhaltigkeit besitzt eine hohe Relevanz. Die Immobilie muss auf diesen Aspekte hin hinterfragt werden	Hohe Relevanz, Hinterfragen der Nachhaltigkeit nötig		Hohe Relevanz der Nachhaltigkeit
EXPERTE/-IN 3: „Was natürlich auch jetzt ganz groß aufgehängt ist, ist der Faktor Nachhaltigkeit. Das ist natürlich jetzt auch eine große Anforderung bei relativ großen Unternehmen."	Insbesondere große Firmen legen wert auf Nachhaltigkeit als Anforderung einer Büroimmobilie	Hohe Relevanz bei großen Firmen		Hohe Relevanz der Nachhaltigkeit
EXPERTE/-IN 4: „Man darf gar nicht mehr losgelöst von Nachhaltigkeit denken."	Die Berücksichtigung von Nachhaltigkeitsaspekten ist essentiell	Ubiquität der Nachhaltigkeit		Hohe Relevanz der Nachhaltigkeit
EXPERTE/-IN 6: „Ich sage mal, die höchste Priorität, die man überhaupt beim Suchen hat, ist ein nachhaltiges Objekt für das Unternehmen und es nimmt auch immer mehr Fahrt auf."	Nachhaltigkeit ist das Suchkriterium mit der höchsten Relevanz – Tendenz steigend	Hohe Relevanz bei der Immobiliensuche		Hohe Relevanz der Nachhaltigkeit

Allgemeiner Einfluss von New Work und Nachhaltigkeit

O-Ton	Paraphrase	Erste Reduktion	Code	Zweite Reduktion
EXPERTE/-IN 2: „Ich bin sehr, sehr froh, dass es über die Politik jetzt so gepusht wird, weil das ist der größte Treiber und der größte Hebel, der es dann auch macht."	Die Maßnahmen der Politik sind die größten Treiber der Nachhaltigkeit	Recht als Treiber der Nachhaltigkeit		Hohe Relevanz der Nachhaltigkeit
EXPERTE/-IN 4: „Das ist zum Glück auch ein bisschen Politikum."	Nachhaltigkeit ist Politikum	Recht als Treiber der Nachhaltigkeit		Hohe Relevanz der Nachhaltigkeit
EXPERTE/-IN 5: Ja, wir müssen ja. Der Gesetzgeber gibt uns hier vor, dass auch in der Immobilie oder als Bauherr beziehungsweise Eigentümer ich verpflichtet bin, ich weiß nicht genau, vielleicht wissen Sie es, wann muss ich CO_2-frei sein mit meiner Immobi- lie? Ich weiß es wirklich nicht genau im Moment, aber es ist ja ein bisschen umkehrbar	Der Gesetzgeber gibt uns vor, nachhaltig zu handeln, da es bestimmte Richtlinien zur CO2-Neutralität gibt	Recht als Treiber der Nachhaltigkeit		Hohe Relevanz der Nachhaltigkeit
EXPERTE/-IN 3: „Da ist ja auch das Thema Nachhaltigkeit sehr, sehr hoch aufgehängt. Und da gibt die Firmengovernance beispielsweise schon vor, dass bestimmte Aspekte erfüllt sein müssen."	Nachhaltigkeit besitzt eine hohe Relevanz. Unternehmensvorgaben sehen dabei einige Aspekte vor, die berücksichtigt werden müssen	Firmenvorgaben als Treiber der Nachhaltigkeit		Hohe Relevanz der Nachhaltigkeit
EXPERTE/-IN 3: „Ich würde sagen, dass Nachhaltigkeit hier immer eigentlich ein Thema war aber, dass es natürlich jetzt nochmal mehr und mehr in den Fokus rückt und jetzt auch mit dem Krieg dadurch, dass wir natürlich jetzt Ressourcenengpässen haben und auch extreme Kostensteigerungen bei Gas oder sonst irgendwas."	Nachhaltigkeit war zwar schon immer ein relevantes Thema, rückt jedoch mit dem Krieg und verbundenen Ressourcenengpässen und Gaspreissteigerungen nochmals mehr ind en Fokus	Steigende Relevanz durch den Ukrainekrieg		Hohe Relevanz der Nachhaltigkeit
EXPERTE/-IN 7: „Aber letztendlich Hauptaugenmerk bleibt natürlich jetzt: Wie geht es weiter? Gerade natürlich jetzt auf unsere Gaskosten bezogen, weil da merken wir schon einen großen Einschnitt."	Steigende Gaspreise ausgelöst durch Ressourcenengpässe wegen des Krieges führen zu einem großen Einschnitt	Steigende Relevanz durch den Ukrainekrieg		Hohe Relevanz der Nachhaltigkeit

Allgemeiner Einfluss von New Work und Nachhaltigkeit

O-Ton	Paraphrase	Erste Reduktion	Code	Zweite Reduktion
EXPERTE/-IN 4: „Also durch die Ressourcenknappheit, die durch den Krieg entsteht, durch die Rückführung von Gaszufuhr, durch einen gewissen Energiebedarf, der gar nicht mehr auf jede Art und Weise gedeckt werden kann, muss schon reagiert werden. Nur folgt die Reaktion meistens zeitversetzt zum Ereignis und ich denke, es wird ein Umdenkprozess zur Folge haben. Das bedeutet aber jetzt nicht, dass jetzt schon Änderungen etabliert werden konnten."	Die hier spürbaren Auswirkungen des Krieges erfordern eine Reaktion, welche jedoch meist zeitversetzt stattfindet. Es wird ein Umdenken stattfinden	Steigende Relevanz durch den Ukrainekrieg		Hohe Relevanz der Nachhaltigkeit
EXPERTE/-IN 1: „Der Einfluss wird steigen, man sieht jetzt zum Beispiel, dass wir relativ schnell ins Messbare gehen bei uns, da ist halt eben gerade dieses Thema beispielsweise Nebenkosten. Das hat ja unmittelbar etwas damit zu tun. Ja, wenn ich meinen Energieausstoß verringere im Objekt, dann zahlt der Mieter – das ist ja komplett umlegbar in Deutschland – dann zahlt der Mieter weniger Nebenkosten. Im Endeffekt heißt es für mich, ich kann die Miete, die Nettomiete höher ansetzen, so dass mein Ertrag als Eigentümer bei der gleichen Mietbelastungen für den Mieter höher ist. Deswegen wird das auf jeden Fall ein Punkt werden."	Messbare Aspekte stehen im Vordergrund. Eine energieeffiziente Immobilie sorgt für geringere Betriebskosten, wodurch die Nettomiete bei gleicher Gesamtmietbelastung höher ausfallen kann	Messbare Aspekte von Relevanz, geringe Betriebskosten führen zu höherer möglicher Nettomiete	**Geringe Betriebskosten**	Geringe Betriebskosten stellen von Relevanz
EXPERTE/-IN 1: „Nachhaltigkeit ist ein großes Thema natürlich und da versteckt sich ja viel drin. Für uns ist Nachhaltigkeit, wir versuchen das immer runterzubrechen bei uns in der Arbeit und sagen auf was kommt es nachher an? Im Endeffekt kommt es auf deinen Energieverbrauch an, also CO2-Ausstoß und Energieverbrauch. Und das sind so, wo wir sagen, das ist vielleicht auch messbar und vergleichbar bei den Objekten."	Nachhaltigkeit besitzt eine hohe Relevanz. In meinem Unternehmen versuchen wir es auf den Ausstoß und Energieverbrauch herunterzubrechen. Dies ermöglicht eine Vergleichbarkeit zwischen den Objekten	Vergleichbarkeit durch Messbares		Geringer Verbrauch von Relevanz

Allgemeiner Einfluss von New Work und Nachhaltigkeit

O-Ton	Paraphrase	Erste Reduktion	Code	Zweite Reduktion
EXPERTE/-IN 3: „Ich würde sagen, es geht natürlich alles in Richtung energieeffiziente Gebäude, weil dadurch können natürlich dann auch viele Nebenkosten einsparen oder muss man ja auch sagen. Wenn wir da jetzt allein schon 2,00 € auf den Quadratmeter oder so einsparen, was ja schon sehr viel ist – lassen wir das mal nur 1,00 € sein. Aber wenn du jetzt überlegst: 1,00 € bei einer 1000 Quadratmeter Fläche sind schon 1000,00 € im Monat und im Jahr sind das 12.000,00 €. Das ist schon extrem viel, was man da einsparen kann. Und genau deswegen ist das ja auch bei uns so, dass wir auch bei unseren Immobilien immer schauen, wie können wir da den Verbrauch anpassen und ressourcenschonend arbeiten, um die Nebenkosten zu reduzieren.“	Die Nachfrage nach energieeffizienten Gebäuden rührt insbesondere durch die Einsparung von Betriebskosten. Dies wird auch in der geschäftlichen Praxis so getan	Energieeffizienz wegen geringeren Betriebskosten		Geringe Betriebskosten stellen von Relevanz
EXPERTE/-IN 5: „Naja, wenn man jetzt den Nutzer als nutzende Organisation betrachtet, die wiederum betriebswirtschaftlich denkt, bin ich auch interessiert daran, dass natürlich nur die Nebenkosten, Verbrauchskosten gering sind. Das ist eine ganz, ganz nüchterne betriebswirtschaftliche Überlegung.“	Betriebswirtschaftlich gesehen, hat der Nutz ein Interesse an geringen Betriebskosten	Geringe Verbrauchskosten aufgrund betriebswirtschaftlicher Überlegung		Geringe Betriebskosten stellen von Relevanz
EXPERTE/-IN 3: „Was natürlich auch jetzt ganz groß aufgehängt ist, ist der Faktor Nachhaltigkeit. Das ist natürlich jetzt auch eine große Anforderung bei relativ großen Unternehmen. Auch was Zertifizierung betrifft et cetera. Das ist natürlich jetzt sehr entscheidend, dann für die Anmietung.“	Nachhaltigkeit ist sehr wichtig – vor allen Dingen bei großen Unternehmen. Hier spielt die Zertifizierung eine entscheidende Rolle für die Anmietung der Fläche	Zertifizierung spielt eine entscheidende Rolle für die Anmietung der Fläche	**Nachhaltigkeits-zertifizierung**	Zertifizierung von hoher Relevanz
EXPERTE/-IN 6: „Die DGNB-Zertifizierung oder ähnliche Zertifikate werden ja immer mehr gefragt – vor allem von Konzernen. Die sagen immer: Was hat das Gebäude für eine Nachhaltigkeit?“	Die Zertifizierung spielt eine immer wichtigere Rolle – vor allen Dingen bei großen Konzernen	Zertifizierung spielt eine entscheidende Rolle		Zertifizierung von hoher Relevanz

Allgemeiner Einfluss von New Work und Nachhaltigkeit

O-Ton	Paraphrase	Erste Reduktion	Code	Zweite Reduktion
EXPERTE/-IN 1: „Dann gibt es natürlich auch nicht nur das Lagekriterium, sondern eben auch bei großen Firmen dann eben auch dieses nach außen hin werben mit einem grünen Objekt, dass man auch da in einem nachhaltigen Objekt sitzt – mit niedrigen Nebenkosten. Und ich denke, dass das Nachhaltigkeitsthema und ESG-Thema auf jeden Fall immer wichtiger wird. Ich denke umso größer das Unternehmen, um so wichtiger."	Unternehmen können mit der Nachhaltigkeit ihres Bürogebäudes werben – dies ist vor allen Dingen bei großen Unternehmen zu beobachten	Nachhaltigkeit als Imageverbesserung	**Wahrnehmbarkeit der Nachhaltigkeit**	Wahrnehmbarkeit der Nachhaltigkeit von hoher Relevanz
EXPERTE/-IN 4: „Also Nachhaltigkeit kann Aushängeschild für Firmen sein und das ist auch im Interesse aller, dass es das ist."	Unternehmen können mit der Nachhaltigkeit werben, was gesamtgesellschaftlich von Vorteil ist	Nachhaltigkeit als Aushängeschild		Wahrnehmbarkeit der Nachhaltigkeit von hoher Relevanz
EXPERTE/-IN 2: „Ich glaube generell, worüber man sich Gedanken machen muss, ist einfach ein nachhaltiger Umgang mit Raum, Mensch und Energie. Nachhaltig Manpower zu verbrennen oder Ressourcen zu verbrennen, das führt dazu, dass keine Mitarbeiter gewinnst und dass die guten Mitarbeiter abwandern und damit wird kein Unternehmen weiterkommen. Nachhaltig mit Raum umgehen: Jeder beschwert sich über Mietpreise und über mangelnde Flächen, gleichzeitig stehen 60 % jeder Büroimmobilie leer, weil sie eben nicht gut genutzt ist. Also mache ich mir Gedanken, was ich überhaupt brauche und wie ich es brauche und kann ich mir eine wesentlich hochpreisigere, bessere Fläche anmieten, aber dafür ein bisschen weniger – die ist gut ausgelastet – das ist nachhaltiger Umgang mit Raum."	Ein sorgloser Umgang mit den Ressourcen Mensch, Raum und Energie führt zu Misserfolg. Ein nachhaltiger Umgang mit Raum sieht wie folgt aus: Bei einer effizienteren Nutzung kann man sich eine bessere Bürofläche geleistet werden	Misserfolg durch Flächenverschwendung, Vorteile durch Flächeneffizienz	**Flächeneffizienz**	Flächeneffizienz von hoher Relevanz

Allgemeiner Einfluss von New Work und Nachhaltigkeit

O-Ton	Paraphrase	Erste Reduktion	Code	Zweite Reduktion
EXPERTE/-IN 4: „Effiziente Nutzung ist das A und O. Also man kann natürlich einen überdimensionalen Palast für seine Mitarbeiter bauen, wenn die Auslastung aber nie über 20–30 % geht, dann hat man im Endeffekt viel Fläche, die die Energie schluckt, die Kosten schluckt. Das ist gar nicht im Sinne der Nachhaltigkeit so zu denken, sondern man sollte in etwa antizipieren können, wie die Unternehmenskultur ist."	Eine effiziente Nutzung ist essentiell und spart Kosten und Ressourcen. Der Flächenbedarf sollte antizipiert werden können	Flächenbedarf wichtig und an Unternehmen anzupassen		Flächeneffizienz von hoher Relevanz
EXPERTE/-IN 5: „Nur der tatsächlich notwendige Bedarf an Quadratmeter Büro darf entstehen. Das ist für mich klar. Alles, alles, was unnötig ist, muss man weglassen und dann ist natürlich die Frage: Was ist notwendig?"	Lediglich der tatsächlich benötigte Flächenbedarf darf tatsächlich entstehen	Reduktion auf das Nötigste		Flächeneffizienz von hoher Relevanz
EXPERTE/-IN 1: „Dieser Prozess heutzutage: Ein neuer Mieter kommt rein nach 5 Jahren, oder 10 Jahren, dann alles rausgerissen und dann ist man eigentlich wieder eigentlich beim Rohbauzustand und dann wieder alles rein gemacht. Das ist natürlich auch die Frage, wie weit diese Punkte mit Nachhaltigkeit vereinbar ist. Der wird momentan noch sehr vernachlässigt, aber man hat eine Rohstoffknappheit und man hat Lieferkettenprobleme. Aber darauf will dann doch keiner verzichten, seinen individuellen Ausbau entsprechend zu haben. Auch wenn es natürlich dann mit Kosten verbunden ist, aber das spielt irgendwie in diesem Punkt noch wenig eine Rolle. Also, da denke ich mal, das ist ein Riesenansatz, dass man da vielleicht auch Flächen so ausbaut, dass es auch drittnutzungsfähig ist, also auch der Ausbau – nicht nur die Fläche."	Der Ablauf ist heutzutage immer dahingehend gleich, dass jeder Nutzer einen neuen, individuellen Ausbau der Fläche fordert. Hier sollte auch eine Nachnutzung geachtet werden	Nachnutzung ist zu berücksichtigen	**Berücksichtigung des Gesamtlebenszyklus der Bürofläche**	Lebenszyklusbetrachtung von hoher Relevanz

Allgemeiner Einfluss von New Work und Nachhaltigkeit

O-Ton	Paraphrase	Erste Reduktion	Code	Zweite Reduktion
EXPERTE/-IN 4: „Also ein Gebäude kann nicht für alles gut sein. Man kann einen Anwendungsfall geschaffen haben, der maximal variabel ist. Aber man kann Entwicklungen nur bis zu einem gewissen Grad auffangen. Deswegen, wenn man von Nachhaltigkeit sprechen möchte, dann wären reversible Gebäude, die zurückbaubar sind, natürlich ein schöner Gedanke, um einfach ein Gebäude zu schaffen, das immer wieder anpassbar ist, vielleicht auf Modulbauweise."	Die Umstände können sich nach einem Bau eines Gebäudes stark verändern, daher sollten Gebäude, welche rückbaubar sind, bedacht werden	Reversible Bauten sollten berücksichtigt werden		Lebenszyklusbetrachtung von Relevanz
EXPERTE/-IN 5: „Wie können Büroimmobilien auch insbesondere auf eine über Generationen hinweg veränderte Nutzung hinweg genutzt werden? Jetzt gehe ich nicht so weit, dass ich sage: Naja, ein Gebäude, das neu entstehen soll, soll sowohl Wohnen als auch Bürotätigkeit ermöglichen. Nicht so ganz einfach aus meiner Sicht. Aber klar ist es aus meiner Sicht, dass man, wenn neue Gebäude entstehen, verschiedene Nutzungsarten denken muss. Und nicht sagen muss: Naja jetzt haben wir ein Bürogebäude geplant und ist kein Bedarf mehr an Büros in 20 Jahren, was machen wir dann? Wir können es nur platt machen. Dann muss es eigentlich geeignet sein, um andere Nutzungen dort zu beherbergen."	Wie können Büroimmobilien in Zukunft effizient genutzt werden? Eine Ermöglichung der Nutzung zu Wohn- als auch Geschäftszwecken ist dabei schwierig. Jedoch sollte bereits bei der Konzeption des Gebäudes eine spätere Ummutzung berücksichtigt werden, um diese Gebäude nicht rückbauen zu müssen	Ummutzung muss berücksichtigt werden		Lebenszyklusbetrachtung von Relevanz
EXPERTE/-IN 7: „Wie gesagt, da auch ebenfalls, inwieweit man ein Büro so installiert, dass man das beispielsweise dann auch schnell ummutzen könnte und umwandeln könnte in eine Wohnimmobilie."	Es sollte bereits bei der Errichtung die Möglichkeit einer Ummutzung der Büroimmobilie in eine Wohnimmobilie berücksichtigt werden	Nutzungsänderung muss berücksichtigt werden		Lebenszyklusbetrachtung von Relevanz

(Quelle: Eigene Darstellung unter Verwendung der erhobenen Daten aus den geführten Interviews)

Literatur

Acar, A./Küper, M./Wintermann, O. [2020] Nachhaltigkeit und Arbeit - Mit digitalen Lösungen analoge Probleme lösen, in: Nachtwei, J./Sureth, A. (Hrsg.): Sonderband Zukunft der Arbeit, S. 22–25, verfügbar unter: https://www.researchgate.net/profile/Jens-Nac htwei/publication/345670805_Sonderband_Zukunft_der_Arbeit/links/5faa6afda6fdcc0 6242522b3/Sonderband-Zukunft-der-Arbeit.pdf (26.05.2022).

Alda, W./Hirschner, J. [2016] Projektentwicklung in der Immobilienwirtschaft. Grundlagen für die Praxis, 6. Aufl., Wiesbaden 2016.

Bauer, W./Rief, S./Jurecic, M. [2010] Ökonomische und ökologische Potenziale nachhaltiger Arbeits- und Bürogestaltung, in: Spath, D./Bauer, W./Rief, S. (Hrsg.): Green Office. Ökonomische und ökologische Potenziale nachhaltiger Arbeits- und Bürogestaltung, Wiesbaden 2010.

Baumgart, S. [2017] Immobilienwirtschaft und Raumplanung, in: Rottke, N./ Thomas, M. (Hrsg.): Immobilienwirtschaftslehre. Management, Wiesbaden 2017, S. 447–479.

Baur, N./Blasius, J. [2019] Methoden der empirischen Sozialforschung – Ein Überblick, in: Baur, N./Blasius, J. (Hrsg.): Handbuch Methoden der empirischen Sozialforschung, 2. Aufl., Wiesbaden 2019, S. 1–30.

Berneburg, M. [2022] Immobilienwirtschaftliche Transformation. Die Sicht des institutionellen Endinvestors, in: Pfnür, A./Eberhardt, M./Herr, T. (Hrsg.): Transformation der Immobilienwirtschaft. Geschäftsmodelle, Strukturen, Prozesse und Produkte im Wandel, Wiesbaden 2022, S. 315–329.

Bierhalter, B./Madaus, S. [2022] Deutschlands Immobilieninvestmentmarkt mit neuem Umsatzrekord. Transaktionsvolumen von mehr als 111 Milliarden Euro – 40 Prozent über Vorjahreswert, verfügbar unter https://news.cbre.de/deutschlands-immobilienin vestmentmarkt-mit-neuem-umsatzrekord-transaktionsvolumen-von-mehr-als-111-millia rden-euro--40-prozent-ueber-vorjahreswert/ (21.05.2022).

BNP Paribas Real Estate GmbH [2022] Büromarkt Deutschland. At a Glance Q1 2022, verfügbar unter: https://www.realestate.bnpparibas.de/sites/default/files/document/2022-04/ bnppre-bueroimmobilienmarkt-deutschland-2022q1.pdf (14.05.2022).

Bogner, A./Littig, B./Menz, W. [2014] Interviews mit Experten. Eine praxisorientierte Einführung, Wiesbaden 2014.

© Der/die Herausgeber bzw. der/die Autor(en), exklusiv lizenziert an Springer Fachmedien Wiesbaden GmbH, ein Teil von Springer Nature 2024
T. Meier et al., *Die Zukunftsfähigkeit von Büroimmobilien*, Studien zum nachhaltigen Bauen und Wirtschaften, https://doi.org/10.1007/978-3-658-43296-6

Bölting, T./Königsmann, T./Neitzel, M. [2016] Digitalisierung in der Immobilienwirtschaft Chancen und Risiken. Studie im Auftrag der Bundesarbeitsgemeinschaft Immobilienwirtschaft Deutschland (BID), verfügbar unter: https://www.researchgate.net/public ation/342550533_Digitalisierung_in_der_Immobilienwirtschaft_Chancen_und_Risiken (21.05.2022).

Bonfig, S./Stadlbauer, F. [2019] Digitalisierung im Immobilienfondsmanagement, in: Verena Rock, V./Schumacher, C./Bäumer, H./Pfeffer, T. (Hrsg.): Praxishandbuch Immobilienfondsmanagement und -investment, 2. Aufl., Wiesbaden 2019, S. 405–426.

Brauer, K. [2019] Einführung in die Immobilienwirtschaft, in: Kerry, B. (Hrsg.): Grundlagen der Immobilienwirtschaft. Recht - Steuern - Marketing - Finanzierung – Bestandsmanagement – Projektentwicklung, 10. Aufl., Wiesbaden 2019, S. 1–52.

Brüsemeister, T. [2008] Qualitative Forschung: Ein Überblick, 2. Aufl., Wiesbaden 2008.

Bundesministerium des Innern, für Bau und Heimat [2019] Leitfaden Nachhaltiges Bauen. Zukunftsfähiges Planen, Bauen und Betreiben von Gebäuden, Berlin 2019.

Bundesministerium für Verkehr, Bau und Stadtentwicklung [2013] Systematische Datenanalyse im Bereich der Nichtwohngebäude. Erfassung und Quantifizierung von Energieeinspar- und CO2-Minderungspotenzialen, verfügbar unter: https://www.bbsr. bund.de/BBSR/DE/veroeffentlichungen/ministerien/bmvbs/bmvbs-online/2013/DL_ ON272013.pdf;jsessionid%3D404E0ED76A97FB94B3C6C48B9FDB8603.live11311% 3F__blob%3DpublicationFile%26v%3D1 (12.05.2022).

Busch, R./Spars, G. [2009] Büroflächenvollerhebungen - das Beispiel Wuppertal, verfügbar unter: https://www.vhw.de/fileadmin/user_upload/08_publikationen/verbandszeitschrift/ 2000_2014/PDF_Dokumente/2009/FWS_6_2009/FWS_6_2009_Bueroflaechenvollerhe bungen_R._Busch_G._Spars.pdf (12.05.2022).

Christmann, B./Glatte, T. [2022] Corporate Real Estate Management in der Transformation von Wirtschaft und Gesellschaft, in: Pfnür, A./Eberhardt, M./Herr, T. (Hrsg.): Transformation der Immobilienwirtschaft. Geschäftsmodelle, Strukturen, Prozesse und Produkte im Wandel, Wiesbaden 2022, S. 157–175.

Corona Datenplattform [2021] Themenreport 02. Homeoffice im Verlauf der Corona-Pandemie, Bonn 2021.

Deutsche Gesellschaft für Nachhaltiges Bauen [2019] Mehrwert zertifizierter Gebäude, Stuttgart 2019.

Deutsche Gesellschaft für Nachhaltiges Bauen [2020] Bauen für eine bessere Welt. Wie Gebäude einen Beitrag zu den globalen Nachhaltigkeitszeilen der Vereinten Nationen leisten, Stuttgart 2020.

Dienes, K./Ruess, P./Rief, S. [2022] BACK TO THE OFFICE. Entwicklung attraktiver Leistungsangebote für das Büro der Zukunft, verfügbar unter: https://www.iao.fraunhofer.de/ content/dam/iao/images/iao-news/back-to-the-office.pdf (23.05.2022).

Ditfurth, J./Skopp, S./Linzmaier, T./Martins, B. [2020] Future of Workplace. Deutsche Büros und die Zukunft der digitalen Arbeitswelt, verfügbar unter: https://www2.deloitte. com/content/dam/Deloitte/de/Documents/financial-services/Future_Workplace_1.pdf (24.05.2022)

Ditfurth, J./Linzmaier, T. [2022] Die immobilienwirtschaftliche Transformation der Flächennutzung im internationalen Vergleich, in: Pfnür, A./Eberhardt, M./Herr, T. (Hrsg.): Transformation der Immobilienwirtschaft. Geschäftsmodelle, Strukturen, Prozesse und Produkte im Wandel, Wiesbaden 2022, S. 57–72.

Döring, N./Bortz, J. [2016] Forschungsmethoden und Evaluation in den Sozial- und Human-wissenschaften, 5. Aufl., Berlin 2016.

Duden [2022] Zukunft, die, verfügbar unter: https://www.duden.de/rechtschreibung/Zukunft (22.05.2022).

Eisfeld, R./ Heinemann, A.-K./Just, T./Quitzau, J. [2022] Büroimmobilien nach Corona – Eine Szenarienanalyse. Studie im Auftrag von BERENBERG Joh. Berenberg, Gossler & Co. KG, Regensburg 2022.

Elamine, O. [2022] Transformation der Immobilienwirtschaft. Die Perspektive eines REIT, in: Pfnür, A./Eberhardt, M./Herr, T. (Hrsg.): Transformation der Immobilienwirtschaft. Geschäftsmodelle, Strukturen, Prozesse und Produkte im Wandel, Wiesbaden 2022, S. 353–368.

Feld, L./Carstensen, S/Gerling, M/ Wandzik, C./ Simons, H. [2022] Frühjahresgutachten Immobilienwirtschaft 2022 des Rates des Immobilienweisen, verfügbar unter: https://zia-deutschland.de/wp-content/uploads/2022/02/Fruhjahrsgutachten-2022.pdf.

Feld, L./Carstensen, S/Gerling, M/Wandzik, C./Simons, H. [2021] Frühjahresgutachten Immobilienwirtschaft 2021 des Rates des Immobilienweisen, verfügbar unter: https://zia-deutschland.de/wp-content/uploads/Fruhjahrsgutachten-2021.pdf

Feld, L./Carstensen, S/Gerling, M/ Wandzik, C./ Simons, H. [2020] Frühjahresgutachten Immobilienwirtschaft 2020 des Rates des Immobilienweisen, verfügbar unter: http://www.zia-deutschland.de/wp-content/uploads/2021/05/Fruhjahrsgutachten-2020.pdf.

Feld, L./Carstensen, S/Gerling, M/ Wandzik, C./ Simons, H. [2019] Frühjahresgutachten Immobilienwirtschaft 2019 des Rates des Immobilienweisen, verfügbar unter: http://www.zia-deutschland.de/wp-content/uploads/2021/05/Fruhjahrsgutachten-2019.pdf.

Feld, L./Carstensen, S/Gerling, M/ Wandzik, C./ Simons, H. [2018] Frühjahresgutachten Immobilienwirtschaft 2018 des Rates des Immobilienweisen, verfügbar unter: http://www.zia-deutschland.de/wp-content/uploads/2021/05/Fruhjahrsgutachten-2018.pdf.

Fels, B. [2022] Büroflächen auf dem Prüfstand. Dezentralisierung der Wissensarbeit als Wegbereiter für Dritte Arbeitsorte, in: Pfnür, A./Eberhardt, M./Herr, T. (Hrsg.): Transfor-mation der Immobilienwirtschaft. Geschäftsmodelle, Strukturen, Prozesse und Produkte im Wandel, Wiesbaden 2022, S. 649–660.

Friedrichsen, S. [2018] Nachhaltiges Planen, Bauen und Wohnen. Kriterien für Neubau und Bauen im Bestand, Wiesbaden 2018.

Gans, P. [2017] Struktur der deutschen Immobilienmärkte, in: Rottke, N./ Thomas, M. (Hrsg.): Immobilienwirtschaftslehre. Ökonomie, Wiesbaden 2017, S. 115–143.

Gesellschaft für Immobilienwirtschaftliche Forschung e.V. [2017] Büroflächen, verfügbar unter: https://www.gif-ev.de/glossar/view_contact/20 (10.05.2022).

Glatte, T: [2014] Entwicklung betrieblicher Immobilien, Beschaffung und Verwertung von Immobilien im Corporate Real Estate Management, Wiesbaden 2014.

Global Alliance for Buildings and Construction [2021] 2021 Global Status Report for Buil-dings and Construction. Towards a zero-emissions, efficient and resilient buildings and construction sector, verfügbar unter: https://globalabc.org/resources/publications/2021-global-status-report-buildings-and-construction (16.06.2022).

Hackl, B./Wagner, M./Attmer, L./Baumann, D. [2017] New Work: Auf dem Weg zur neuen Arbeitswelt. Management-Impulse, Praxisbeispiele, Studien, Wiesbaden 2017.

Häder, M. [2015] Empirische Sozialforschung. Eine Einführung, 3. Aufl., Wiesbaden 2015.

Hans Böckler Stiftung [2021] Studien zu Homeoffice und mobiler Arbeit, verfügbar unter: https://www.boeckler.de/de/auf-einen-blick-17945-Auf-einen-Blick-Studien-zu-Homeof fice-und-mobiler-Arbeit-28040.htm (23.05.2022).

Hanschke, I. [2021] Digitaler Wandel – lean & systematisch. Disruptive und evolutionäre Innovationen ganzheitlich vorantreiben in Business & IT, Wiesbaden 2021.

Haufe [2022] Krieg in der Ukraine: Folgen für den Immobilienmarkt, verfügbar unter: https://www.haufe.de/immobilien/entwicklung-vermarktung/marktanalysen/krieg-in-der-ukraine-folgen-fuer-den-immobilienmarkt_84324_563072.html (16.06.2022).

Henger, R./ Hude, M./Seipelt, B./Toschka, A./Scheunemann, H./Barthauer, M./Giesemann, C. [2017] dena-STUDIE Büroimmobilien. Energetischer Zustand und Anreize zur Steigerung der Energieeffizienz, verfügbar unter: https://www.dena.de/fileadmin/dena/Dok umente/Pdf/9196_Bueroimmobilien_Energetischer_Zustand_Anreize_Steigerung_Ene rgieeffizienz.pdf (12.05.2022).

Hofmann, J./Piele, A./Piele, C. [2019] New Work. Best Practices und Zukunftsmodelle, Stuttgart 2019.

Holzbaur, U. [2020] Nachhaltige Entwicklung. Der Weg in eine lebenswerte Zukunft, Wiesbaden 2020.

IGES Institut [2021] Digitalisierung und Homeoffice in der Corona-Krise. Sonderanalyse zur Situation in der Arbeitswelt vor und während der Pandemie, verfügbar unter: https:// www.dak.de/dak/download/studie-2447824.pdf (16.06.2022).

Jobst-Jürgens, V. [2020] New Work. Was relevante Arbeitnehmergruppen im Job wirklich wollen – eine empirische Betrachtung, Wiesbaden 2020.

Jurecic, M./Rief, S./Stolze, D. [2018] Office Analytics. Erfolgsfaktoren für die Gestaltung einer typbasierten Arbeitswelt, Stuttgart 2018.

Kiese, S./Allroggen, P. [2022] Colliers. Marktbericht Bürovermietung und Investment, verfügbar unter: https://www.colliers.de/wp-content/uploads/2022/02/220208-Colliers-Res earch-Assetklassen-Bürovermietung-und-Investment.pdf (21.05.2022).

Kinateder, T. [2017] Projektentwicklung, in: Rottke, N./ Thomas, M. (Hrsg.): Immobilien-wirtschaftslehre. Management, Wiesbaden 2017, S. 503–532.

Kirchmair, R. [2022] Qualitative Forschungsmethoden. Anwendungsorientiert: vom Insider aus der Marktforschung lernen, Wiesbaden 2022.

Kortmann, K./Dietzold, G./Hoffmann, A./Treier, S./Leimbach, S./Thielen, M./Hager, A./ Scheunemann, H./Kurt, S./Maier-Hartmann, F. [2022] Büromarktüberblick. Bürover-mietungsmarkt startet dynamisch und muss sich jetzt beweisen, verfügbar unter: https:// www.jll.de/content/dam/jll-com/documents/pdf/research/emea/germany/de/Bueromark tueberblick-JLL-Deutschland.pdf (14.05.2022)

Kunze, F./Hampel, K./Zimmermann, S. [2020] Homeoffice in der Corona-Krise - eine nach-haltige Transformation der Arbeitswelt?, verfügbar unter: http://nbn-resolving.de/urn: nbn:de:bsz:352-2-926cp7kvkn359 (23.05.2022).

Kurzrock, B.-M. [2017] Lebenszyklus von Immobilien, in: Rottke, N./ Thomas, M. (Hrsg.): Immobilienwirtschaftslehre. Management, Wiesbaden 2017, S. 421–446.

Lackes, R. [2022] Gabler Wirtschaftslexikon. Büroarbeit, verfügbar unter: https://wirtschaf tslexikon.gabler.de/definition/bueroarbeit-30769/version-254345 (10.05.2022).

Landgraf, M. [2014] Erste E-Mail erreichte Deutschland vor 30 Jahren, verfügbar unter: https://www.kit.edu/kit/pi_2014_15510.php (21.05.2022).

Lange, B. [2019] Immobilienbestandsmanagement, in: Kerry, B. (Hrsg.): Grundlagen der Immobilienwirtschaft. Recht - Steuern - Marketing - Finanzierung - Bestandsmanagement - Projektentwicklung, 10. Aufl., Wiesbaden 2019.

Lexa, C. [2021] Fit für die digitale Zukunft. Trends der digitalen Revolution und welche Kompetenzen Sie dafür brauchen, Wiesbaden 2021.

Leyh, C./Bley K./Ott, M. [2018] Chancen und Risiken der 3 Digitalisierung - Befragungen ausgewählter KMU, in: Hofmann, J. (Hrsg.): Arbeit 4.0 - Digitalisierung, IT und Arbeit. IT als Treiber der digitalen Transformation, Wiesbaden 2018, S. 29–52.

Liebold, R./Trinczek, R. [2009] Experteninterview, in: Kühl, S./Strodtholz, P./Taffertshofer, A. (Hrsg.): Handbuch Methoden der Organisationsforschung. Quantitative und Qualitative Methoden, Wiesbaden 2009, S. 32–56.

Linsin, J./Schwarze, J./Stachen, J./Brandt, T./Scholz, A./Naumann, P./Neumann, L./Ape, C./Emmerich, F./Huff, T./Klein, F./Koepke, R./Küppers, O./Richolt, D./Ritsch, S./Scheins, J./Tromp, J./Barkham, R./Chin, H./Whelan, J. [2022] Market Outlook 2022. REPORT Deutschland REAL ESTATE CBRE RESEARCH, verfügbar unter: http://cbre.vo.llnwd.net/grgservices/secure/2022%20Outlook_DE_final.pdf?e=1652963949&h=8dfb124ad a9b42f93eb71bd49e3a60d0 (21.05.2022).

Mayring, P. [2015] Qualitative Inhaltsanalyse. Grundlagen und Techniken, 12. Aufl., Weinheim 2015.

Meier, T. [2022a] Interview mit Experte/-in 1 vom 24.06.2022.

Meier, T. [2022b] Interview mit Experte/-in 2 vom 28.06.2022.

Meier, T. [2022c] Interview mit Experte/-in 3 vom 17.06.2022.

Meier, T. [2022d] Interview mit Experte/-in 4 vom 24.06.2022.

Meier, T. [2022e] Interview mit Experte/-in 5 vom 24.06.2022.

Meier, T. [2022f] Interview mit Experte/-in 6 vom 24.06.2022.

Meier, T. [2022g] Interview mit Experte/-in 7 vom 22.06.2022.

Meuser, M./Nagel, U. [2009] Das Experteninterview - konzeptionelle Grundlagen und methodische Anlage, in: Pickel, S./Pickel, G./Lauth, H.-J./Jahn, D. (Hrsg.): Methoden der vergleichenden Politik- und Sozialwissenschaft. Neue Entwicklungen und Anwendungen, Wiesbaden 2009, S. 465–480.

Mumm, G. [2016] Die deutsche Nachhaltigkeitsstrategie. Grundlagen – Evaluationen – Empfehlungen, Wiesbaden 2016.

OECD [2021] The Digital Transformation of SMEs. OECD Studies on SMEs and Entrepreneurship, verfügbar unter: https://doi.org/https://doi.org/10.1787/bdb9256a-en (22.05.2022).

Öko-Institut [2022] Arbeiten im Homeoffice – gut für die Umwelt und die Mitarbeiter:innen? Analyse der potenziellen ökologischen und sozialen Auswirkungen mobilen Arbeitens.

Pfnür, A./Eberhardt, M./Herr, T. [2022] Einführung, Struktur und Zusammenfassung, in: Pfnür, A./Eberhardt, M./Herr, T. (Hrsg.): Transformation der Immobilienwirtschaft. Geschäftsmodelle, Strukturen, Prozesse und Produkte im Wandel, Wiesbaden 2022, S. 1–16.

Pickel, G./Pickel, S. [2009] Qualitative Interviews als Verfahren des Ländervergleichs, in: Pickel, S./Pickel, G./Lauth, H.-J./Jahn, D. (Hrsg.): Methoden der vergleichenden Politik- und Sozialwissenschaft. Neue Entwicklungen und Anwendungen, Wiesbaden 2009, S. 441–464.

Rauch, R./Mayer, L./Roland, R./Möcker, D. [2020] Mehr Home, weniger Office. PwC-Studie zu Corporate Real Estate Managemement. Wann sich eine Flächenoptimierung für Nutzer rechnet, verfügbar unter: https://www.pwc.de/de/real-estate/mehr-home-weniger-office.pdf (20.06.2022)

Rauch, R./Xhaferi, S./Mayer, L./Roland, R./Möcker, D/Ziemlich, J. [2021] Home bleibt Office. Neuauflage der PwC-Studie zum ortsunabhängigen Arbeiten und zur Wirtschaftlichkeit bei Flächenanpassungen, verfügbar unter: https://www.pwc.de/de/real-estate/real-estate-institute/pwc-home-bleibt-office.pdf (20.06.2022).

Ramin, P./Rothmund, F./Schmedz, D./Stedele, C./Till, V./Treiber-Lobenstein, N./Wiemann, B./Wintermann, B./Wintermann, O./Wolf, M./Wolf, P. [2020] ZUKUNFTSSTUDIE MÜNCHNER KREIS. Sonderstudie zur Corona-Pandemie, verfügbar unter: https://www.bertelsmann-stiftung.de/fileadmin/files/user_upload/ZukunftsstudieVIII_Sonderstudie_Corona_final.pdf (25.05.2022).

Reich, S. [2022] Die Rolle von Environmental, Social & Governance (ESG) in der gesellschaftlichen und wirtschaftlichen Transformation, in: Pfnür, A./Eberhardt, M./Herr, T. (Hrsg.): Transformation der Immobilienwirtschaft. Geschäftsmodelle, Strukturen, Prozesse und Produkte im Wandel, Wiesbaden 2022, S. 137–156.

Reinhardt, K. [2020] Digitale Transformation der Organisation. Grundlagen, Praktiken und Praxisbeispiele der digitalen Unternehmensentwicklung, Wiesbaden 2020.

Rottke, N. [2017a] Immobilienwirtschaftslehre als wissenschaftliche Disziplin, in: Rottke, N./ Thomas, M. (Hrsg.): Immobilienwirtschaftslehre. Management, Wiesbaden 2017, S. 27–71.

Rottke, N. [2017b] Immobilienarten, in: Rottke, N./ Thomas, M. (Hrsg.): Immobilienwirtschaftslehre. Management, Wiesbaden 2017, S. 141–172.

Schaible, S./Fischer, C./Seufert, J./Fuest, K. [2017] Die Zukunft der Arbeit zu den Auswirkungen der Digitalisierung auf die Arbeitswelt der Zukunft, verfügbar unter: https://www.rolandberger.com/publications/publication_pdf/roland_berger_zukunft_der_arbeit.pdf (22.05.2022).

Schlick, J./König, S. [2020] Digitalisierung 2020. Eine Studie der Staufen AG und der Staufen Digital Neonex GmbH, verfügbar unter: https://www.staufen.ag/wp-content/uploads/STAUFEN.AG_Studie_Digitaliserung_2020_web.pdf (23.05.2022)

Schlomann, B./Wohlfahrt, K./ Kleeberger, H./Hardi, L./Geiger, B./Pich, A./Gruber, E./ Gerspacher, A./Holländer, E./Roser, A. [2015] Energieverbrauch des Sektors Gewerbe, Handel, Dienstleistungen (GHD) in Deutschland für die Jahre 2011 bis 2013, verfügbar unter: https://www.bmwk.de/Redaktion/DE/Publikationen/Studien/sondererhebung-zur-nutzung-erneuerbarer-energien-im-gdh-sektor-2011-2013.pdf?__blob=publicationFile &v=6 (12.05.2022).

Schmiede, R./ Klug, T./ Henn, R. [2005] Büroarbeit im Wandel, in: Eisele, J./ Staniek, B. (Hrsg.): Bürobau Atlas: Grundlagen, Planung, Technologie, Arbeitsplatzqualitäten, München 2005, S. 10–19.

Schwering, U. [2019] Rechtsgrundlagen der Immobilienwirtschaft: Bauträger-, Makler-, Wohnungseigentumsrecht, in: Kerry, B. (Hrsg.): Grundlagen der Immobilienwirtschaft. Recht - Steuern - Marketing - Finanzierung - Bestandsmanagement - Projektentwicklung, 10. Aufl., Wiesbaden 2019.

Statistisches Bundesamt [2021] Bis 2035 wird die Zahl der Menschen ab 67 Jahre um 22 % steigen, verfügbar unter: https://www.destatis.de/DE/Presse/Pressemitteilungen/2021/09/PD21_459_12411.html (22.05.2022).

Statistisches Bundesamt [2022] Baufertigstellungen im Hochbau: Deutschland, Jahre, Bautätigkeiten, Gebäudeart/Bauherr, verfügbar unter: https://www-genesis.destatis.de/genesis/online?operation=abruftabelleBearbeiten&levelindex=1&levelid=165562374 2839&auswahloperation=abruftabelleAuspraegungAuswaehlen&auswahlverzeichnis= ordnungsstruktur&auswahlziel=werteabruf&code=31121-0001&auswahltext=&wertea bruf=Werteabruf#abreadcrumb (19.06.2022).

Steffen, A./Doppler, S. [2019] Einführung in die Qualitative Marktforschung. Design – Datengewinnung – Datenauswertung, Wiesbaden 2019.

Stettes, O./Voigtländer, M. [2021] IW-Kurzbericht 6/2021. Büroflächenabbau bleibt die Ausnahme, verfügbar unter: https://www.iwkoeln.de/fileadmin/user_upload/Studien/Kurzbe richte/PDF/2021/IW-Kurzbericht_2021-Bueroflaechenabbau.pdf (25.05.2022).

Stottrop, D./Flüshöh, C. [2007] Büroflächenbestand - Grundlagen, Daten und Methoden, in: Schulte, K.-W./ Bone-Winkel, S. (Hrsg.): Schriften zur Immobilienökonomie (Band 42), Regensburg 2007.

Techconsult GmbH [2020] Digitalisierungsindex Mittelstand 2019/2020. Der digitale Status Quo des deutschen Mittelstands, verfügbar unter: https://telekom-digitalx-content-develop.s3.eu-central-1.amazonaws.com/techconsult_Telekom_Digitalisierungsindex_ 2019_GESAMTBERICHT_bd0a933def.pdf (21.05.2022).

Urbach, N./Ahlemann, F. [2018] Der Wissensarbeitsplatz der Zukunft: 5 Trends, Herausforderungen und Handlungsempfehlungen, in: Hofmann, J. (Hrsg.): Arbeit 4.0 - Digitalisierung, IT und Arbeit. IT als Treiber der digitalen Transformation, Wiesbaden 2018, S. 79–94.

Voigtländer, M. [2010] Der Immobilienmarkt in Deutschland. Struktur und Funktionsweise, Berlin 2010.

Voigtländer, M/Henger, R./Haas, H./Schier, M. /Just, T./Bienert, S./Geiger, P./Hesse, M./ Braun, N. /Schäfer, P./Jaroszek, L.IKröncke, T.-A./Steininger, B. [2013] Gesamtwirtschaftliche Bedeutung der Immobilienwirtschaft, verfügbar unter: https://www.deutsc her-verband.org/fileadmin/user_upload/documents/Studien/DV_Gutachten_Wirtschaftsf aktor-Immobilien.pdf (21.05.2022).

Wagner, B./Pfnür, A. [2022] Empirische Situation der immobilienwirtschaftlichen Transformation in Deutschland, in: Pfnür, A./Eberhardt, M./Herr, T. (Hrsg.): Transformation der Immobilienwirtschaft. Geschäftsmodelle, Strukturen, Prozesse und Produkte im Wandel, Wiesbaden 2022, S. 73–94.

Walter, N./Fischer, H./Hausmann, P./Klös, H.-P./Lobinger, T./Raffelhüschen, B./Rump, J./ Seeber, S./Vassiliadis, M. [2013] Die Zukunft der Arbeitswelt. Auf dem Weg ins Jahr 2030, Stuttgart 2013.

Wassermann, S. [2015] Das qualitative Experteninterview, in: Niederberger, M./ Wassermann, S. (Hrsg.): Methoden der Experten- und Stakeholdereinbindung in der sozialwissenschaftlichen Forschung, Wiesbaden 2015, S. 51–68.

Weidenbach, B. [2021] New Work: Arbeitszeit und Work-Life-Balance Statista Dossierplus Zur Neuen Arbeitswelt in Zeiten von Corona, verfügbar unter: https://de.statista.com/sta tistik/studie/id/103749/dokument/neue-arbeitswelt-in-deutschland/ (24.05.2022).

Weissman, A./Wegerer, S. [2019] Unternehmen 4.0: Wie Digitalisierung Unternehmen & Management verändert, in: Erner, M. (Hrsg.): Management 4.0 – Unternehmensführung im digitalen Zeitalter, Berlin 2019, S. 43–78.

Werther, S. [2021] Grundlagen zu Coworking, Coliving und Workation, in: Werther, S. (Hrsg.): Coworking als Revolution der Arbeitswelt. Von Corporate Coworking bis zu Workation, Berlin 2021.

Wintermann, O. [2020] Corona, Nachhaltigkeit und die Zukunft der Arbeit, verfügbar unter: https://www.zukunftderarbeit.de/2020/07/22/corona-nachhaltigkeit-und-die-zukunft-der-arbeit/ (23.05.2022).

World Economic Forum [2020] The Future of Jobs Report 2020, verfügbar unter: https://www3.weforum.org/docs/WEF_Future_of_Jobs_2020.pdf (22.05.2022).

Zentraler Immobilienausschuss e.V. [2016] Strukturierung des sachlichen Teilmarktes wirtschaftlich genutzter Immobilien für die Zwecke der Marktbeobachtung und Wertermittlung, verfügbar unter: http://www.zia-deutschland.de/wp-content/uploads/2021/04/1._Ergebnisbericht_zur_Kategorisierung_von_Wirtschaftsimmobilien.pdf (23.05.2022).

Printed in the United States
by Baker & Taylor Publisher Services